"十二五"职业教育国家规划教材

经全国职业教育教材审定委员会审定

全国高等职业教育系列教材（工程机械类专业）

工程机械发动机构造与维修

第2版

主　编　杜运普　刘显玉

参　编　杨月新　孟继申　赵常复

主　审　姚奎臣

U0255948

机械工业出版社

本书是"十二五"职业教育国家规划教材，经全国职业教育教材审定委员会审定。本书以工程机械用发动机为研究对象，介绍曲柄连杆机构、换气系统、燃油供给系统、汽油机点火系统、冷却系统、润滑系统及发动机特性。

本书以培养技能应用型人才为主线，从人才培养目标出发，注重理论和实际相结合的教学方法，以应用为目的，具有知识的应用性、可操作性和实用性等特点。

本书可作为高职院校工程机械运用与维护、工程机械控制技术等专业及相关专业的教学用书，也可作为相关技术人员培训的参考书。

本书配有电子课件，凡使用本书作为教材的教师可登录机械工业出版社教育服务网 www.cmpedu.com 注册后下载。咨询邮箱：cmpgaozhi@sina.com。咨询电话：010-88379375。

图书在版编目（CIP）数据

工程机械发动机构造与维修/杜运普，刘显玉主编. —2 版.
—北京：机械工业出版社，2016.5（2024.6重印）
"十二五"职业教育国家规划教材　经全国职业教育
教材审定委员会审定. 全国高等职业教育系列教材. 工程
机械类专业
ISBN 978-7-111-53275-0

Ⅰ.①工… Ⅱ.①杜…②刘… Ⅲ.①工程机械-发
动机-构造-高等职业教育-教材②工程机械-发动机-
机械维修-高等职业教育-教材 Ⅳ.①TU603②TU607

中国版本图书馆 CIP 数据核字（2016）第 058541 号

机械工业出版社（北京市百万庄大街 22 号　邮政编码 100037）
策划编辑：王海峰　责任编辑：王海峰
版式设计：霍永明　责任校对：刘秀丽
责任印制：单爱军
北京虎彩文化传播有限公司印刷
2024 年 6 月第 2 版·第 6 次印刷
184mm×260mm·9 印张·220 千字
标准书号：ISBN 978-7-111-53275-0
定价：28.00 元

电话服务　　　　　　　　　网络服务
客服电话：010-88361066　机 工 官 网：www.cmpbook.com
　　　　　010-88379833　机 工 官 博：weibo.com/cmp1952
　　　　　010-68326294　金 书 网：www.golden-book.com
封底无防伪标均为盗版　机工教育服务网：www.cmpedu.com

第 2 版前言

《工程机械发动机构造与维修》于 2012 年 5 月出版，出版后受到高职师生和广大读者的厚爱。按照"十二五"职业教育国家规划教材的建设要求，以及适应工程机械发动机新结构、新技术、新材料及其应用不断发展的现状，我们对第 1 版进行了修订。

本书针对工程机械发动机的结构、工作原理及维修方法进行了有效的、综合性的研究。编者在多年教学实践的基础上，结合高等职业教育的特点，遵照教育部高职高专教材建设的要求，紧密围绕培养高等职业应用型人才的需要，从人才培养目标的实际出发，结合实际教学的需要，以职业教育的应用为目的，以操作能力为本位，确定教材修订的思路和特色，注重知识的应用性、可操作性和实际应用的特点。

本书主要内容包括：绪论、曲柄连杆机构、换气系统、汽油机燃油供给系统、柴油机燃油供给系统、汽油机点火系统、冷却系统、润滑系统、发动机特性等。按照高等职业教育技能应用型人才的培养目标，注重理论知识与实践技能的有机结合，突出针对性、通用性和实践性，并注意了与相关课程的区分和衔接。

本书可作为高职院校工程机械运用与维护、工程机械控制技术等专业及相关专业的教学用书，也可作为相关技术人员培训的参考书。

本书共分 9 章，具体编写分工为：第 1 章、第 2 章由杜运普编写，第 3 章、第 5 章由刘显玉编写，第 4 章、第 6 章由杨月新编写，第 7 章由赵常复编写，第 8 章、第 9 章由孟继申编写。全书由杜运普、刘显玉担任主编，并负责统稿；姚奎臣任主审。

本书在修订过程中，参考了大量的资料和文献，并得到沈阳、本溪等地工程机械维修厂家的大力支持和协助，在此，一并表示诚挚的谢意。

由于编者水平有限，且时间仓促，书中错误之处在所难免，欢迎读者提出宝贵意见，以便在今后的修订中不断完善。

编　者

第1版前言

随着我国基础建设规模的快速扩大，各类土建工程对施工的质量、进度及经济效益的要求越来越高，从而有力地推动了与之相关的国内工程机械市场的快速发展。作为工程机械的源动力，内燃发动机得到了广泛的应用，同时对工程机械学科的人才培养也提出了更高的要求。而且我国职业教育形势发展很快，对教材的要求也越来越高，为此，我们编写了《工程机械发动机构造与维修》这本教材。

本书是编者在多年教学实践的基础上，根据工程机械发动机构造与维修课程教材大纲编写的，是对工程机械发动机的结构、工作原理及维修方法进行有效的、综合性研究的教材。编者遵照教育部高职高专教材建设的要求，紧密围绕高等职业教育应用型人才培养的需要，从人才培养目标的实际出发，结合实际教学的需要，以应用为目的，以能力为本位，确定编写思路和教材特色，注重理论知识与实践技能的有机结合，突出针对性、通用性和可操作性。

全书共分9章，主要内容包括：绪论、曲柄连杆机构、换气系统、汽油机燃油供给系统、柴油机燃油供给系统、汽油机点火系统、冷却系统、润滑系统及发动机特性，注意了与相关课程的区分和衔接。

本书由辽宁科技学院杜运普编写第1章、第2章，刘显玉编写第3章、第5章，杨月新编写第4章、第6章，孟继申编写第7章、第8章，赵常复编写第9章。全书由杜运普、刘显玉统稿，由辽宁科技学院姚奎臣教授担任主审。审阅人仔细、认真地审阅了全部书稿，提出了许多宝贵的意见和建议；另外，本书在编写过程中，参阅了多篇相关文献，在此一并表示衷心感谢。

由于编者水平有限，书中难免存在疏漏和错误，恳请读者批评指正。

编　者

目　　录

第1章 绪 论

本章主要介绍工程机械用柴油发动机的总体结构，叙述工程机械用四冲程柴油发动机的基本工作原理；提出了四冲程柴油机的修理依据、修理要求以及修理工艺。

1.1 工程机械发动机总体构造与原理

工程机械是工程施工所用机械设备的统称，广泛用于建筑工程、道路工程及矿山等行业。随着我国国民经济建设的快速发展，工程机械的应用也越来越广泛。工程机械的种类繁多，结构复杂。工程机械的总成从功能上分，主要包括动力系统、传动系统、转向系统、制动系统、行走系统以及工作装置等。动力系统一般采用内燃机，其中主要是柴油发动机。

发动机作为能量的转换装置，为工程机械的行走、作业等提供动力，保障其正常行驶和工作。工程机械采用的内燃发动机是将燃料在气缸内部燃烧产生的热能直接转化为机械能的动力机械，是工程机械的心脏，是工程机械动力的来源。工程机械发动机质量的优劣，直接影响着工程机械的性能、可靠程度和寿命。现代工程机械发动机应用最广、数量最多的是水冷式四冲程往复活塞式内燃机。

往复活塞式内燃机具有单机功率范围大、热效率高、结构紧凑、体积小、质量轻、操作简单、便于起动等优点，广泛地使用在工程机械的动力装置，同时也广泛应用于汽车、拖拉机和船舶上。现代工程机械发动机的结构形式很多，即使是同一类型的发动机，其具体结构也各不相同，但不论哪种类型的发动机，其基本结构都是相似的。常见的发动机有汽油机和柴油机两种。

汽油机是发动机的传统机型，由于其工作柔和、噪声低、运转平稳、升功率高、比质量小，所以在轿车和轻型车上占优势。由于新技术的采用，汽油机在燃油经济性方面亦有较大的改善。汽油机和柴油机由于所使用燃料不同，在结构上也各有特点。汽油机主要包括曲柄连杆机构、换气系统、汽油供给系统、冷却系统、润滑系统、点火系统和起动系统。柴油机结构与汽油机相似，但由于其采用压燃式燃烧原理，故其结构中不需要点火系统。柴油机是现代工程机械的主要动力，其最大优点是经济性好，运行耗油率比汽油机低 30% ~40%，工程机械广泛采用柴油发动机。现代高性能柴油发动机的循环热效率高达 40% 以上，车用汽油机的循环热效率也可达到 33% 左右，而发动机排气对大气的污染、能源消耗日趋增高，是发动机研究人员需要首先解决的问题。

20 世纪 80 年代以来，发动机电子控制技术已有很大发展，其目标是使发动机运行参数始终保持最佳值，以求得发动机动力、经济、排放等性能指标的最佳化，并监视运行工况。为了使工程机械发动机最佳化运行，工程机械的制造单位要设计、制造出高质量的产品，工程机械的应用部门还必须正确使用、经常维护。因此，从事发动机设计制造、运用维护及修理的技术人员要掌握发动机的基本理论，并能创造性地运用它。工程机械发动机理论是以提高发动机性能作为主要研究目标，深入到工作过程的各个阶段，分析影响性能指标的因素，研究提高性能指标的具体措施及努力方向。

发动机是将燃料燃烧的热能转变为机械能的热力发动机，热力发动机可分为外燃机和内燃机。燃料在外部燃烧，燃烧的热能通过其他介质转变为机械能的称为外燃机，如蒸汽机。燃料在内部燃烧，燃烧的热能直接转变为机械能的称为内燃机，如汽油机和柴油机。内燃机具有热效率高、结构紧凑、体积小、便于装车、起动性能好等优点，因而应用广泛。现代工程机械用发动机一般都属于内燃机，内燃机的种类繁多，可以按不同特征加以分类，常用分类方法有以下七种：

（1）按使用燃料分类　按使用燃料不同，工程机械用内燃机可分为汽油机、柴油机、单燃料燃气发动机、两用燃料发动机、混合燃料发动机等。

以汽油为燃料的发动机称为汽油机；以柴油为燃料的发动机称为柴油机；以单一燃气（如液化石油气或天然气）为燃料的发动机称为单燃料燃气发动机；具有两套相互独立的燃料供给系统、可分别使用两种不同燃料的发动机称为两用燃料发动机；同时使用两种燃料工作的发动机称为混合燃料发动机。

近年来，为节省石油能源和降低内燃机的排放污染，人们不断研制新型动力装置，如在发达国家已进入实用阶段的混合动力装置。混合动力装置是指将电动机与小型燃料发动机组合成一体，小型燃料发动机只起辅助作用，这样既能发挥燃料发动机持续工作时间长、动力性好的优点，又能发挥电动机无污染、低噪声的优势，二者"并肩作战，取长补短"，可使燃料发动机的热效率提高10%以上，废气排放量降低30%以上。

（2）按点火方式分类　按点火方式不同，工程机械用内燃机可分为点燃式发动机和压燃式发动机。

点燃式发动机是利用高压电火花点燃气缸内的混合气来完成做功的，如汽油机，它所使用的燃料一般是点燃温度低、自燃温度高的燃料。

压燃式发动机是利用高温、高压使气缸内的混合气自行着火燃烧来完成做功的，如柴油机，它所使用的燃料一般是点燃温度较高，但自燃温度较低的燃料。

（3）按活塞运动方式分类　按活塞运动方式不同，工程机械用内燃机可分为往复活塞式发动机和旋转活塞式（转子式）发动机，现代工程机械发动机多采用往复活塞式发动机。

往复活塞式发动机按完成一个工作循环所需活塞的行程数不同，又可分为四冲程发动机和二冲程发动机。活塞上下往复四个行程完成一个工作循环的发动机称为四冲程发动机。活塞上下往复两个行程完成一个工作循环的发动机称为二冲程发动机，现代工程机械发动机多采用四冲程发动机。

（4）按冷却方式分类　按冷却方式不同，工程机械用内燃机可分为水冷式发动机和风冷式发动机，现代工程机械发动机绝大多数采用水冷却方式。

（5）按气缸数目分类　按气缸数目不同，工程机械用内燃机可分为单缸发动机和多缸发动机，多缸发动机有双缸发动机、三缸发动机、四缸发动机、五缸发动机、六缸发动机、八缸发动机及十二缸发动机，现代工程机械发动机多采用四缸发动机、六缸发动机和八缸发动机。

（6）按气缸布置方式分类　按气缸布置方式不同，工程机械用内燃机可分为对置式发动机、直列式发动机、斜置式发动机和V型发动机。

（7）按进气方式分类　按进气方式不同，工程机械用内燃机可分为自然吸气（非增压）

式发动机和强制进气（增压）式发动机。

1.1.1 工程机械发动机总体构造

工程机械用发动机大多数是往复活塞式四冲程柴油机，是由许多机构和系统组成的复杂机器。图 1-1 所示为一台六缸四冲程柴油机的总体结构总图。

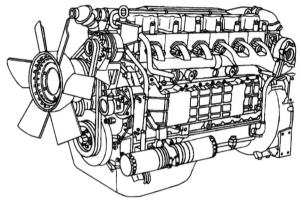

工程机械采用的发动机就总体结构而言，基本上都是由如下的机构和系统组成的：

1）曲柄连杆机构。曲柄连杆机构是发动机各机构、各系统的装配骨架，由机体组、活塞连杆组及曲轴飞轮组等组成，其作用是将活塞的往复运动转化为曲轴的旋转运动，从而实现热能向机械能的转化。机体组件由气缸

图 1-1 六缸四冲程柴油机

盖、气缸体、曲轴箱及油底壳等零部件组成；活塞连杆组由活塞、活塞销、活塞环和连杆等组成；曲轴飞轮组由曲轴、飞轮等组成。

2）配气机构。配气机构由进、排气门和它们的传动件摇臂、凸轮轴、正时齿轮、气门挺杆、气门弹簧、进气管、排气管和空气滤清器等组成。其主要功能是按照一定的顺序完成进、排气门的开启和关闭，定时向发动机气缸提供充足而干净的新鲜空气（柴油机）或可燃混合气（汽油机），并将燃烧后的废气排出气缸，以保证发动机及时地吸入新鲜空气或可燃混合气，排出燃烧后的废气。

3）燃油供给系统。燃油供给系统是根据发动机工作情况要求，按照发动机工作循环所规定的时间，根据发动机负荷情况对空气和燃油进行滤清、混合、供给，并将废气排出发动机。对于不同的发动机燃油供给系统，其构成也不一样。但总体上有空气供给装置、燃油供给装置和废气排出装置等。对于电子控制的燃油供给系统还有电子控制装置。对于柴油机燃油供给系统而言，根据柴油机工作情况要求，按照柴油机工作循环所规定的时间，定时、定量、定压地向燃烧室喷入柴油，保证燃料及时、迅速、完全地燃烧。柴油机燃油供给系统一般由低压油路和高压油路两部分组成。低压油路由油箱、油管、输油泵、油水分离器、柴油滤清器等组成；高压油路由高压油泵、高压油管及喷油器等组成。

4）润滑系统。润滑系统主要由机油泵、机油滤清器、机油冷却器以及油路、油底壳和限压阀等构成。其主要功能是将清洁的润滑油以一定的压力不间断地送入发动机各摩擦表面，以减少摩擦阻力和零件的磨损，并带走摩擦时所产生的热量和金属屑，保证发动机长期可靠地工作。

5）冷却系统。冷却系统主要由散热器、风扇、水泵、气缸体和气缸盖中的冷却水套、节温器等组成。其作用是将零件所吸收的热量及时地传导出去，对发动机高温件进行适当的冷却，保证柴油机的正常工作温度。这也是保证发动机长期可靠工作的必要条件之一。工程机械柴油机普遍采用水冷式冷却系统，水冷式发动机的冷却系统主要由水泵、水箱、散热器及节温装置和管路等组成。

6）起动系统。起动系统由起动机、蓄电池等装置组成，其作用是使柴油机由静止状态转入运动状态，借助外力使曲轴达到一定的转速。不同的起动方式有不同的起动设备，包括电起动、压缩空气起动、小汽油机起动等。

柴油发动机一般都由上述两个机构和四个系统组成。而汽油发动机，由于其混合气是点燃着火燃烧方式的，故需要有点火系统。对于汽油机的点火系统，主要由电源、点火线圈、分电器和火花塞等构成，用于保证按规定的时刻及时点燃气缸中的可燃混合气。

1.1.2 四冲程柴油机的工作原理

1. 发动机常用的基本术语（见图1-2）

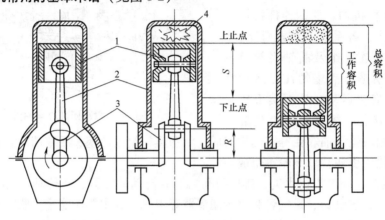

图1-2　发动机基本术语
1—活塞　2—连杆　3—曲轴　4—燃烧室容积

1）上止点：活塞顶面距离曲轴旋转轴线最远的位置，此时曲轴的曲柄转至曲轴轴线上方并垂直于曲轴轴线。

2）下止点：活塞顶面距离曲轴旋转轴线最近的位置，此时曲轴的曲柄转至曲轴轴线下方并垂直于曲轴轴线。

3）活塞行程：上、下止点之间的距离，用 S（mm）表示。

4）活塞冲程：活塞由一个止点运行到另一个止点的过程。

5）曲柄半径：曲轴上的主轴颈中心线到连杆轴颈中心线的垂直距离，用 R 表示。若用曲柄转角表示，一个行程相当于曲柄转180°角。

6）缸径：气缸内径，常用 D（mm）表示。

7）气缸工作容积：指活塞从一个止点到另一个止点所扫过的容积，即活塞截面积与行程的乘积，用 V_s（L）表示

$$V_s = \frac{\pi D^2 S}{4} \times 10^{-6} \qquad (1-1)$$

多缸发动机各气缸工作容积的总和，也称为发动机排量，用 V_L（L）表示

$$V_L = V_s i \qquad (1-2)$$

式中　i——发动机气缸数；

　　　V_L——发动机工作容积，即发动机排量。

8）燃烧室容积：活塞在上止点时，活塞顶与气缸盖之间的容积称为燃烧室容积，用 V_c（L）表示。

9）气缸总容积：活塞在下止点时，活塞顶面的气缸空间容积，用 V_a（L）表示

$$V_a = V_s + V_c \tag{1-3}$$

10）压缩比：气缸总容积 V_a 与燃烧室容积 V_c 之比值称为压缩比，常用 ε 表示

$$\varepsilon = V_a/V_c = 1 + V_s/V_c \tag{1-4}$$

压缩比表示活塞由下止点运动到上止点时，气缸内的气体被压缩的程度，是发动机的一个重要的参数。压缩比越大，压缩终了时的气体压力和温度就越高，燃油就越容易燃烧，燃烧产生的压力就越高，零部件受力或曲轴输出的力就越大，功率越高；反之，压缩比越小，压缩终了时的气体压力和温度就越低，零部件受力或曲轴输出力就越小，功率越低。压缩比对柴油机的燃烧、效率、起动性能、工作平稳性及机械负荷等都有很大影响。汽油机的压缩比一般为 6 ~ 11；现代柴油机的压缩比一般为 16 ~ 22 或更高，增压柴油机压缩比相应有所减小。

11）工作循环：在发动机气缸内进行的每一次将燃料燃烧产生的热能转换为机械能的一系列过程称发动机的一个工作循环。

2. 四冲程柴油机的工作原理

四冲程柴油机的每一个工作循环都有四个活塞行程，按其作用分别为进气行程、压缩行程、做功行程和排气行程，如图 1-3 所示。

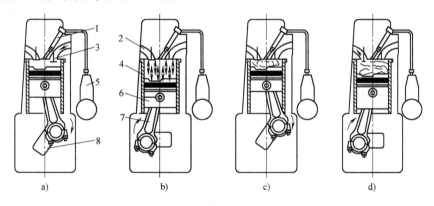

图 1-3　四冲程柴油机工作原理

a）进气行程　b）压缩行程　c）做功行程　d）排气行程

1—喷油器　2—排气门　3—进气门　4—气缸

5—喷油泵　6—活塞　7—连杆　8—曲轴

（1）进气行程　在进气行程中，由于曲轴的转动，活塞由上止点向下止点移动，此时进气门开启，排气门关闭，在活塞由上止点向下止点运动过程中，由于活塞上方气缸容积逐渐增大，形成一定的真空度。新鲜空气在气缸内、外压力差的作用下被吸入气缸内。当活塞移到下止点时，进气门关闭，整个气缸充满了新鲜空气。进气行程终了，曲轴旋转 180°，如图 1-3a 所示。

（2）压缩行程　进气行程结束后，曲轴继续转动，活塞在曲轴的带动下，由下止点向上止点移动。这时排气门处于关闭状态，而进气门处于逐渐关闭状态。在活塞由下止点向上

止点运动过程中，由于活塞上方气缸容积不断缩小，当进气门和排气门均处于关闭状态时，进入气缸内的新鲜空气被压缩，温度和压力不断升高（气体压力约为2.94~4.90MPa，气体温度约为530~730℃），为喷入柴油自行着火燃烧创造了良好的条件。直到活塞到达上止点时，压缩行程结束，如图1-3b所示。

（3）做功行程　在压缩行程接近上止点时，喷油泵泵出的高压柴油经喷油器呈雾状喷入气缸内的高温空气中，雾化柴油遇到高温、高压的空气后，迅速吸热、蒸发、扩散，与空气混合形成可燃混合气并自行着火燃烧。这时由于进气门和排气门均处于关闭状态，使缸内气体温度和压力同时升高，高温高压的气体膨胀，推动活塞由上止点迅速向下止点移动，并通过连杆迫使曲轴旋转而产生动力，故此行程为做功行程（至此，曲轴共旋转一圈半，即540°），如图1-3c所示。

（4）排气行程　在做功行程结束后，气缸内的可燃混合气通过燃烧做功转变为废气。由于飞轮的惯性作用使曲轴继续旋转，推动活塞又从下止点向上止点移动。在此期间排气门开启，进气门处于关闭状态，活塞在曲轴的带动下由下止点向上止点运动，由于做功后的废气压力高于外界大气压力，气缸内的废气在压力差及活塞的排挤作用下，经排气门迅速排出气缸。当活塞移到上止点时，排气行程结束（至此，曲轴共旋转两圈，即720°），如图1-3d所示。

排气行程结束后，进气门再次开启，又开始下一个工作循环。发动机工作时，需要连续不断地进行工作循环，在每个循环中都是依次完成进气、压缩、做功和排气四个行程。活塞依次经过上述四个连续行程后，即完成了发动机的一个工作循环。这样周而复始地继续下去，柴油机就能保持连续运转而做功。

四冲程发动机工作循环的四个行程中，其中只有一个是做功行程，其余三个行程则是做功的准备行程，是消耗动力的。因此，在单缸发动机内，曲轴每转两周中只有半周是由于膨胀气体的作用使曲轴旋转，其余一周半则依靠飞轮惯性维持转动。显然，做功行程时，曲轴的转速比其他三个行程内曲轴的转速要快，所以，曲轴的转速是不均匀的。为此，飞轮必须具有较大的转动惯量，才能使发动机的运转平稳，这就将使发动机质量和尺寸增加。另外，也可以采用多缸发动机，使曲轴转动均匀，如采用四缸、六缸等发动机。在四缸四冲程发动机的每个工作循环中，每一行程均有一个气缸为做功行程，曲轴旋转较均匀，发动机工作平稳，因此，现代工程机械发动机基本上不采用单缸机。

在多缸发动机的每一个气缸内，所有的工作过程都是相同的，但各个气缸的做功行程并不是同时发生，而是按照一定的工作顺序进行的。气缸数目越多，发动机的工作越平稳；但发动机气缸数增多后，一般会使其结构复杂，尺寸及质量增加。

3. 二冲程柴油机的工作原理

（1）二冲程柴油机的结构特点　二冲程柴油机在气缸盖上安装有排气门和泵喷嘴（见图1-4）。当排气门打开时，排出的废气冲击排气涡轮叶轮使其旋转，并带动离心机风机旋转，将空气加压，增压空气经冷却器进入集流箱，再从缸套上的空气进气孔进入气缸。

（2）二冲程柴油机的工作原理

1）第一行程。在曲轴的旋转带动下，活塞由下止点向上止点运动，行程开始前，进气孔和排气门均已开启，经离心机风机提高压力的新鲜空气（压力约为0.12~0.14MPa）进入气缸进行换气。当活塞上移到进气孔关闭时，排气门此时也关闭，于是进入气缸的空气开始被压缩，气体温度和压力上升。当活塞移至接近上止点时，泵喷嘴将高压柴油以雾状喷入气缸内，柴油自行着火燃烧。

2）第二行程。当活塞到达上止点后，着火燃烧的高温、高压气体推动活塞下行做功。当活塞下行到接近下止点时，排气门打开，废气靠自身压力自由排出气缸。此后，进气孔开启，排出的废气冲击排气涡轮叶轮使其旋转，并带动离心机风机旋转，将空气加压，增压空气经冷却器冷却后，再从缸套上的空气进气孔进入气缸进行换气。

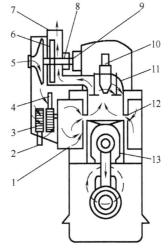

图1-4 二冲程柴油机结构

1—集流箱 2—进水口 3—增压空气冷却器
4—排水口 5—离心机风机 6—排气涡轮叶轮
7—废气排出口 8—单向离合器 9—传动轮
10—泵喷嘴 11—排气门 12—进气孔 13—活塞

4. 二冲程发动机与四冲程发动机的比较

从以上四冲程发动机和二冲程发动机的工作循环可以看出，二冲程发动机具有以下特点：

1）二冲程发动机单纯的排气（或换气）时间短，主要是一个几乎完全重叠的、以新鲜气体扫除残余废气的换气过程。这样的换气过程不可避免地会发生新鲜气体和废气的混合，造成废气难以排净和新鲜气体随废气排出的后果。

2）完成一个工作循环，二冲程发动机曲轴转动一周，而四冲程发动机曲轴需要转动两周。所以，当发动机工作容积、压缩比和转速相同时，从理论上讲，二冲程发动机的功率是四冲程发动机的2倍，但实际上只有1.5～1.6倍。这是由于二冲程发动机难以将废气排净，以及为了安排换气过程而较多地损失了一部分气体膨胀做功的能力，同时，还存在换气时有一部分新鲜气体随同废气排出，因此二冲程发动机经济性不如四冲程发动机。

5. 汽油机与柴油机工作的异同

汽油机和柴油机所使用的燃料分别为汽油和柴油；汽油蒸发性强，易挥发，自燃温度较高，为220～471℃，热值为44400kJ/kg，对汽油的使用存在抗爆性要求；柴油的蒸发性相对较差，挥发性比较差，雾化效果受到黏度值影响，其自燃温度较低，约为240℃，热值为40190kJ/kg，对柴油的使用存在凝点要求。由于燃料性质的区别，汽油机和柴油机的结构也存在区别，见表1-1。

表1-1 汽油机与柴油机比较

项 目	汽油发动机	柴油发动机
进气行程	吸进燃油和空气混合气	仅吸进空气
压缩行程	活塞压缩可燃混合气，压缩比为7～13，压缩终了温度为300～400℃	活塞压缩空气，压缩比为16～22，压缩终了温度为530～730℃
排气行程	活塞强力将气体排出气缸，主要排放物为CO、HC、NO_x，黑烟少	活塞强力将气体排出气缸，主要排放物为CO、HC、NO_x，黑烟多
功率输出调整方法	通过控制节气门的开度来改变可燃混合气的供给量	通过控制喷油泵来改变燃油的供给量（进入气缸的空气量不能调整）

1.1.3 发动机的性能指标

发动机的性能指标是评定发动机性能好坏的各种物理量的总称，主要包括动力性指标（如功率、转矩等）和经济性指标（如热效率、燃油消耗率等），此外还有运转性能、工作可靠性、结构工艺性等指标。在此主要介绍发动机动力性和经济性的评定指标。

按建立指标体系的基础不同，发动机的性能指标可分为两大类：指示性能指标和有效性能指标。

1. 指示性能指标

指示性能指标是以气缸内工质对活塞所做的功为基础建立起来的指标体系，只能用来评定发动机循环进行得好坏。

1）循环指示功。循环指示功是指每循环内工质对活塞所做的有用功，一般用 W_i 表示，单位为 J。发动机每个循环所做的循环指示功与气缸工作容积有关，因此不能直接用来评价发动机循环动力性的好坏。

2）指示功率。指示功率是指发动机在单位时间内所做的指示功，一般用 P_i 表示，单位为 W，常用单位为 kW。

$$1kW = 1000W \tag{1-5}$$

注意：指示功仅是对一个气缸而言，工程机械发动机一般都是多缸发动机，指示功率则是对整个发动机而言的。

3）指示燃油消耗率。指示燃油消耗率是指单位指示功的耗油量，又称指示比油耗，一般用 g_i 表示，单位为 g/kW·h。设发动机的指示功率为 P_i（kW），每小时耗油量为 G_T（kg/h），则指示燃油消耗率为

$$g_i = \frac{G_T}{P_i} \times 10^3 \tag{1-6}$$

4）指示热效率。指示热效率是指发动机实际循环指示功 W_i 与所消耗热量 Q_i 之比，一般用 η_i 表示，即

$$\eta_i = \frac{W_i}{Q_i} \tag{1-7}$$

消耗的热量按所消耗的燃料量与燃料的热值来计算，燃料的热值是指单位质量的燃料燃烧后放出的热量，其数值取决于燃料本身的性质。

一般用指示功、平均指示压力和指示功率评定循环的动力性——做功能力，用循环热效率及燃油消耗率评定循环经济性。

2. 有效性能指标

有效性能指标是以发动机输出轴上输出的净功率为基础建立起来的指标体系，可用来评定整个发动机工作性能的好坏。

（1）有效功率　有效功率是指从发动机曲轴上输出的净功率，一般用 P_e 表示，单位为 W 或 kW；在数值上，P_e 等于指示功率 P_i 与机械损失功率 P_m 的差值，即

$$P_e = P_i - P_m \tag{1-8}$$

机械损失功率是指动力在发动机内部传递过程中损失的功率，主要包括摩擦损失、驱动附件的损失和泵气损失。发动机工作中，机械损失是不可避免的，机械损失功率和有效功率

均可通过试验方法测定。

有效功 W_e（或有效功率 P_e）与循环指示功 W_i（或指示功率 P_i）的比值称为发动机的机械效率，一般用 η_m 表示，即

$$\eta_m = \frac{W_e}{W_i} = \frac{P_e}{P_i} = \frac{P_i - P_m}{P_i} = 1 - \frac{P_m}{P_i} \tag{1-9}$$

发动机工作时，有效转矩和有效功率是随工况变化的。不同用途的发动机，为保证其工作的可靠性和使用寿命，最大工作转速和与之相对应的有效功率都必须限制在一定范围之内。我国国家标准规定在允许的最大使用转速下，允许使用的最大有效功率称为标定功率，发动机铭牌与产品说明书给出的有效功率即为标定功率。国家标准规定的发动机标定功率有如下四种：

1）15min 功率：发动机允许连续运转 15min 的最大功率，适用于需要有较大功率储备或瞬时需要发出最大功率的汽车、摩托车和快艇等发动机的功率标定。

2）1h 功率：发动机允许连续运转 1h 的最大功率，适用于需要有一定功率储备以克服突然增加负荷的轮式拖拉机、工程机械、内燃机车和船舶等发动机的功率标定。

3）12h 功率：发动机允许连续运转 12h 的最大功率，适用于需要在 12h 内连续运转且负荷较大的拖拉机、内燃机车、工程机械、农用排灌机械和电站等发动机的功率标定。

4）24h 持续功率：发动机允许连续运转 24h 的最大功率，适用于需要长期连续运转的农用排灌机械、电站和船舶等发动机的功率标定。

（2）有效转矩　有效转矩是指发动机曲轴上输出的转矩，一般用 M_e 表示，单位为 N·m。在实际工作中，一般通过台架试验直接测量发动机的有效转矩和转速，并按下列公式计算出发动机的有效功率 P_e

$$P_e = M_e \frac{2\pi n}{60} \times 10^{-3} = \frac{M_e n}{9550} \tag{1-10}$$

式中　M_e——有效转矩（N·m）；

n——发动机转速（r/min）。

（3）有效燃油消耗率　有效燃油消耗率是指单位有效功的耗油量，又称有效比油耗，一般用 g_e 表示，单位 g/kW·h。设发动机的有效功率为 P_e（kW），每小时耗油量为 G_T（kg/h），则有效燃油消耗率为

$$g_e = \frac{G_T}{P_e} \times 10^3 \tag{1-11}$$

1.2　工程机械发动机的维修

1.2.1　工程机械技术状况的变化

1. 工程机械技术状况的标志

工程机械在使用过程中，随着行驶里程的增长，以工程机械的动力性能、经济性能和工作可靠性逐步变坏，最后丧失运行能力，必须通过修理，恢复原有的技术性能。

工程机械运行能力变坏，除发动机动力性衰减外，还要考虑工程机械底盘有关机构的技

术状况是否有所变化，例如，离合器打滑、车轮制动器"咬死"、动配合副有阻滞等，出现上述情况，工程机械的运行能力也会降低。动力性的好坏与工程机械的整个技术状况有关。

工程机械发动机所消耗的燃料和机油比正常用量增加越多，则发动机的经济性越差。从整个工程机械来看，如果轮胎磨损快，小修费用增加，工程机械运行成本提高，表明工程机械的经济性降低。

工程机械运行中的漏油、漏水、发热、异响等故障增多，停驶修理的次数增加，甚至机件损伤严重，会造成行车事故，使工程机械的出车率和运输效率降低，行车安全无保证。这些情况都说明工程机械行驶的可靠性下降。

工程机械的修理是指，采用各种修理工艺以恢复工程机械原来的动力性、经济性和工作可靠性的过程。

2. 工程机械技术性能变坏的原因

1）零件的结构。工程机械结构的不断改进，改善了工程机械的使用技术性能，延长了寿命。但有的车型某些结构设计不合理，加速机件局部磨损、变形和损坏。例如，发动机的气缸体由于第二、第五缸与相邻两气缸轴线距系数过小，冷却效果不良，热应力较大，在气缸体的第二、第五缸机体外壁产生裂纹的故障较多。

2）零件的表面性质。根据零件所承受的不同工作负荷，要求选用相适应的材料性质及一定的工艺处理（如热处理、喷丸、镀铬等），除保证零件本身应有的强度、刚度外，使零件的工作表面具有耐蚀、耐磨、耐热、耐疲劳等物理化学性能。工程机械零件不是都能满足以上各种性能的，而是根据零件的工作要求，选择某些性能为主。在制造或修理过程中，对零件表面性质认识不够，处理不当，必然会加速零件的损伤。

3）零件的质量。零件的质量主要指加工质量和装配质量。

从零件修理加工而言，以热加工和机械加工应用最多，这两类加工工艺如不符合零件技术要求，就会破坏其表面的物理力学性能、结构位置关系及表面几何公差。机械加工一般是加工中最后的重要工序，是保证零件表面质量和装配质量的关键。

零件进行组装时，应保证配合副应有的过盈、间隙、预紧度和正确的安装位置。例如，气门间隙过大则发响，过小则漏气等。

4）工程机械的运行条件。工程机械在运行过程中，装载过重或载重分布不均匀、行车速度过高、气候恶劣、道路不良、燃油或润滑油质量不好以及驾驶操作不当等，都会加剧工程机械有关机件的损伤。工程机械组合件的动配合副工作表面，由于相互接触面之间的摩擦作用，零件工作表面逐渐磨损，零件尺寸及几何形状逐渐变化，变化量的增大使工程机械的工作出现异常现象，这就是工程机械零部件磨损的具体表现。工程机械是由许多零件或总成组成的，随着零件的磨损，工程机械也相应地发生各种性能改变或某些故障。

1.2.2 工程机械发动机的修理依据和要求

1. 修理依据

修理依据是发动机的修理规范和修理技术资料。没有可靠的依据，便无法维修。由于机型制造时选用的材质不同，其修理技术数据（如零件尺寸及配合关系等）就有所不同。修理前，应查明各机型有关技术资料，作为修理的依据。

当发动机出现以下情况时，必须进行大修：

1）发动机加速性能明显降低。

2）气缸压力下降，在冷却液温度达 70℃、发动机转速为 100~150r/min 时，用气缸压力表检测气缸压力，其数值达不到该机型标准值的 75%，或最大功率低于标准功率的 25%。

3）气缸磨损。气缸的圆柱度误差达到 0.175~0.250mm，或圆度误差达到 0.050~0.063mm（以磨损最大的一个气缸为准）。

4）机油消耗。每升机油维持发动机运转时间低于标准值的 40%。

5）燃油消耗。每升燃油维持发动机运转时间低于标准值的 60%。

6）发动机出现不正常的噪声或金属敲击的异响。

7）发动机不能正常运转或根本不能运转。

8）发动机达到修理期限。

9）发生其他重大损伤事故。

发动机维护就是根据发动机的设计要求、不同的使用情况以及各种零件的磨损规律，把磨损程度相接近的项目集中起来，在正常磨损阶段进行相应的清洁、检查、润滑、紧固、调整和校验等工作，从而达到改善各零件的工作条件、减轻零件磨损、消除隐患、避免早期损伤的目的，使各种零件和总成保持良好的技术状况。在运行中，降低燃料、润滑油的消耗和零件、轮胎的磨损损坏；最大限度地延长整机或各总成的大修间隔里程，并减小发动机的噪声和降低对环境的污染。

发动机维护应贯彻"预防为主、强制维护"的原则，保持机容整洁，及时发现和消除故障或隐患，防止发动机早期损坏，使发动机经常处于良好的技术状况，随时提供可靠的动力性能保障。

为了使工程机械发动机保持正常运转，延长其寿命，必须对发动机各个部件进行系统、仔细的检查、调整和清洗，以保证发动机正常运转所必需的良好工作条件，预防发动机因早期磨损而产生各种故障。充分发挥发动机的工作效能和经济性能。因此，在发动机的使用过程中必须建立严格的保养制度，认真做好各项保养工作。

根据工程机械发动机的结构和使用环境的不同，保养要求和方法也不相同，操作者可按照使用说明书的要求和具体工作环境，制订出切实可行的维护保养制度，以确保发动机处于良好的技术状态，保证施工需要。

2. 修理作业要求

修理作业分为大修和小修。大修是指对整个系统进行性能恢复性修理，小修则是指在工程机械的保养和大修周期内为排除故障而进行的工作，包括局部的解体、调整、清洗、紧固、修理及更换零部件等。

维修之前应首先进行故障分析，在清楚整机结构和工作原理的基础上，逐步缩小可疑故障范围，最终确定故障区域及故障零部件，然后采用合理的方法排除故障。修理作业的具体要求如下：

1）为了提高修理效率，保证维修质量，各种机型的修理都需安排一个合理的维修顺序。

2）首先要保证质量，其次是节约工时，缩短作业时间。

3）拆卸发动机、总成、组合件时，应按顺序保存好各零件，以便重新组装。

4）所有零件在装配前，都要彻底清洗并用压缩空气吹干净后，再进行一次检验，确认合格后方可装配。

5）凡规定有预紧度的螺栓和螺母，均应按照规定力矩使用扭力扳手拧紧。

6）所有润滑部位的润滑油应按季节、种类及规定容量分别加足。

7）发动机修理中常用的量具有量缸表（内径量表）、百分表、千分尺、游标卡尺、塞尺及卡钳等；常用的检验仪器有连杆校正器、弹簧检验器、活塞环检验器等；仪表有真空表、点火正时仪、气缸压力表等。所有使用的工具、量具及检验仪表必须经常检查，保持其准确性、完好性及灵敏度。

1.2.3 发动机的修理工艺过程

发动机修理工艺过程包括从发动机的解体到修理后验收的全过程，如图1-5所示。

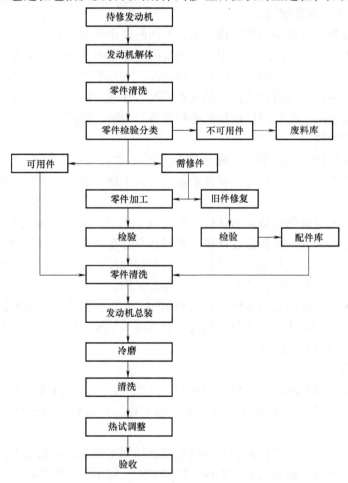

图1-5 发动机修理工艺过程

发动机的修理质量是靠正确的修理工艺保证的，正确的修理工艺应包括拆装工艺和加工工艺。任何发动机的修理均应安排一个合理的工艺过程，它将随着发动机的结构、修理设备、机具、作业组织与分工方法以及修理人员素质的变化而变化。

发动机的维修要严格执行技术工艺标准，加强技术检验，实现检测仪表化。采用先进的不解体检测技术，完善检测方法，使发动机的养护工作科学化、标准化。

发动机维修作业应严密作业组织，严格遵守操作规程，广泛采用新技术、新材料、新工艺，及时修复或更换零部件，改善配合状态和延长机件的使用寿命。

在发动机维修工作中，要加强科学管理，建立和健全发动机维护的原始记录和统计制度，随时掌握发动机的技术状态。通过原始记录、统计资料，经常分析、总结经验，发现问题，改进维护工作，不断提高发动机的维护质量。

1. 工程机械发动机的拆装工艺

工程机械发动机的拆装一般是先拆卸发动机外部机件，再拆卸内部机件、连接件，这样发动机重量会减轻，又便于吊出；水冷式发动机可按下列程序进行：

1）拆卸发动机罩。

2）发动机必须在完全冷却的状态下进行拆卸。

3）放净散热器及水套内的冷却水，放净油底壳内的机油。

4）拆卸燃料系统。关闭油箱开关，拆下油路的油管及接头；拆下油门连接件、拉线，卸下空气滤清器等；拆卸进气总管、排气总管和进气歧管、排气歧管。

5）拆卸电系统。拆蓄电池极柱上的夹头电缆，卸下蓄电池；拆卸机体上的有关电线等。

6）拆卸冷却系统。拆卸进出水管及旁通水管、散热器框架及散热器、水温传感器等。

7）拆卸润滑系统。拆卸机油滤清器、机油压力传感器，抽出机油尺，卸下曲轴箱机油加注管。

8）断开和离合器踏板的连接，拆下离合器拉杆及分离叉拉臂，拆下变速器箱。

9）拆下发动机支座螺栓。

10）用起吊机将发动机缓缓吊出，放置在发动机台架上进行解体作业。

2. 零件的清洗

拆卸下来的零件要经过清洗，便于磨损和变形的检验。零件的清洗包括：油污的清洗、积碳的清洗和水垢的清除。

（1）油污的清洗方法　油污的清洗方法包括有机溶剂清洗、碱溶液清洗剂清洗和化学合成水基金属清洗剂清洗。

1）有机溶剂清洗。有机溶剂具有较好的溶脂能力，常用的有机溶剂有：汽油、煤油、柴油和酒精等。用有机溶剂清洗零件，不需要特殊设备，不会损伤金属零件，得到了广泛应用；缺点是有机溶剂成本高，而且易燃。

2）碱溶液清洗剂清洗。碱溶液清洗剂的主要成分是碱性物质和乳化剂，常用的碱性物质有苛性钠、碳酸钠和硅酸钠等。由于苛性钠腐蚀性较强，清洗非铁金属时，在清洗剂中一般不加苛性钠，而加入易水解的碳酸钠和硅酸钠等。碳酸钠不仅能使溶液具有一定的碱性，而且有软化水的作用。硅酸钠是活性物质，能很好地去除矿物油，且对金属无腐蚀作用，尤其对铝等非铁金属有特殊的保护作用。

由于油与金属的附着力较大，要想使油与金属完全脱开，单靠一种碱是不够的，必须加入乳化剂、加热碱液，增加搅拌或以高压喷射使油脂形成乳浊液而脱离零件表面。

3）化学合成水基金属清洗剂清洗。水基金属清洗剂是以表面活性剂为主的合成洗涤剂，有时可加入碱性电解液，以提高表面活性剂的活性，同时还加入磷酸盐和硅酸盐等缓蚀剂。

化学合成水基清洗剂溶液清洗油污时，要根据油污的种类、污垢的厚薄与密实程度、金属性质、清洗温度和经济性等因素综合进行考虑，正确地选择不同的水基金属除油剂。

（2）积炭的清除方法　清除积炭通常用机械法和化学法。

1）机械法。用机械法清除积炭比较简单，清除时利用钢丝刷或用刮刀刮除。

2）化学法。化学法清除积炭是利用化学溶剂对积炭浸泡 2～3h，靠物理或化学作用使积炭软化，然后用刷洗或擦洗法去除。使用的化学溶剂可分为有机溶剂和无机溶剂两类。

无机溶剂的毒性小、成本低，但退炭效果较差，而且使用时需要加热至 80～95℃，使用不当还会对某些非铁金属造成腐蚀。有机溶剂具有退炭能力强，常温下使用对非铁金属无腐蚀，但成本高、毒性大。

（3）水垢的清除　水垢是由于冷却水中的矿物盐因加热分解或过饱和析出在零件表面上沉积形成的。水垢导热性差，并使水套容积减小，导致冷却系统散热能力降低。水垢一般采用酸洗法或碱洗法进行清除，即通过酸或碱的化学作用，使水垢由不溶于水的矿物盐转变成可溶于水的物质而被除去。

3. 零件的修理

工程机械零件的修复方法有很多种，可根据零件缺陷的特征和修复成本核算选用相应的修复方法。常用的修复方法有机械加工修复法、压力加工修复法及焊接修复法等。

（1）机械加工修复法　通过机械加工的方法使已磨损的零件恢复正确的几何形状和配合特性的修复方法称为机械加工修复法。

在发动机零件的修复方法中，机械加工是最基本的方法。大多数零件的修复都离不开机械加工，即使是使用其他方法，仍然要进行一定的机械加工。在发动机零件的机械加工修复中，经常采用修理尺寸法和镶套修复法。

在零件结构、强度和强化层允许的条件下，将配合中主要件的磨损部位经过机械加工至规定的尺寸，恢复其正确的几何形状和精度，然后更换相应的配合件，得到尺寸改变而配合性质不变的修理方法，称为修理尺寸法。

在发动机修理中广泛应用修理尺寸法，为了平衡零件间的使用寿命，磨损速度快、寿命较短的零件多数采用修理尺寸法，如气缸、活塞、活塞环、活塞销、曲轴及轴承等。

为了防止各级修理尺寸的零件混淆，在零件的非工作面上打印有修理尺寸的级别或修理尺寸的代号、尺寸误差分组标记等，也有的涂印在包装上，更换零件时应先仔细核对这些标记。

发动机零件在使用中，有些只是局部磨损或损伤，当其结构和强度允许时，将其磨损部位通过机械加工缩小（轴类零件）或扩大（孔类零件）至一定的尺寸（一般为 2～3mm），然后用过盈配合的方法镶入一个套，使零件恢复基本尺寸的修理工艺，称为镶套修复法。镶套修复法是发动机零件修理必不可少的方法，如气缸套、气门导管及各种衬套的镶配，都属于镶套修复。

镶套修复法能够恢复较多的磨损层，便于零件恢复到基本尺寸，为以后的修理提供方便；可以修复基础件的局部磨损，延长基础件的使用寿命；工艺简单，操作和加工简便，不需要大型设备，质量容易得到保证；镶套一般在常温下进行，零件不易变形，不改变零件的热处理状态。

（2）压力加工修复法　利用金属在外力作用下所产生的塑性变形获得具有一定形状、

尺寸和力学性能的原材料、毛坯或零件的修复方法，称为压力加工修复法，主要有轧制、锻造、挤压、拉拔、冲压及旋压等方法。其优点有：结构致密，组织改善，性能提高，强度、硬度、韧度俱高；对于少、无切削加工，材料利用率高；可以获得合理的流线分布（金属塑变是固体体积转移过程）；生产效率高。其缺点包括：一般工艺表面质量差（氧化）；不能成形形状复杂件（相对）；设备庞大、价格昂贵；劳动条件差（强度大、噪声大）。

（3）焊接修复法　利用电弧或气体燃烧产生的热量将零件损伤部位局部和焊条熔化并熔合，以填补零件磨损部位或连接断裂零件的修复方法称为焊接修复法。在生产制造及运行使用中都有可能在某个部件上产生缺陷，对在生产制造中出现的缺陷，进行焊接修复的方法称为"返修焊"或"退修焊"；而在运行使用过程中出现的缺陷，进行焊接修复称作"修补焊"。当部件在工作压力和使用应力下产生缺陷时，要求进行修补焊。修补焊的前提条件是：材料的可焊性好，其结构可以进行修补焊。

在确定了材料的实际状态及缺陷产生的原因之后，即可选择相应的焊接工艺方法和热处理工艺，并制订焊接修复计划和修复步骤。

1.2.4　发动机维修手册的应用

工程机械维修手册是工程机械产品售后服务的主要技术文件，专供具有专业技术资格的维修人员使用。维修手册通常包含工程机械制造厂家从某一年份开始生产的一种或同一系列的几种工程机械的维修信息。

1）维修程序：包括拆装程序、专用工具的使用方法等。

2）检测程序：包括零件测量方法、专用检测仪器使用方法等。

3）技术参数：包括发动机在内的工程机械各零部件的使用极限、尺寸标准、配合间隙标准、调整要求及日常维护注意事项等。

4）规格要求：包括各类消耗品的规格要求及各种油液的牌号要求等。

一般维修手册都分成 2～3 册，每一册包括工程机械若干个总成的维修内容，或按发动机、底盘、工程机械电气总成划分为 3 册。

随着工程机械技术的发展和改进，生产厂家还会为改进型号提供增补手册，或为本型号各总成、系统提供更加详细的修理手册，如发动机修理手册、变速箱驱动桥修理手册、电路图和新机特性手册等。

工程机械发动机修理手册是为发动机维修提供所需的维护修理信息的技术文件，其内容通常包括：导言、准备工作、维修规范、发动机机械、冷却、润滑、起动与充电、组件及字母索引等内容。在进行发动机拆装维护修理时必须详细阅读发动机修理手册，尤其要充分掌握"导言"部分注意事项中的所有内容，同时应遵守手册中的注意事项，防止危险操作，避免人员的伤害和工程机械的损坏。

1.2.5　发动机维修常用工具及选用

工程机械发动机结构复杂，对其进行拆装和维修必须要使用到一些拆装工具和量具。下面介绍一些常用的拆装工具和量具。

1. 常用拆装工具

常用拆装工具主要有活扳手、呆扳手、梅花扳手、套筒扳手、内六角扳手、扭力扳手和顶拔器等。

（1）活扳手　活扳手（见图1-6）开口宽度可在一定尺寸范围内进行调节，能拧转不同规格的螺栓或螺母，适合在缺少相应其他扳手（如寸制扳手）以及螺栓或螺母磨损严重等情况下使用，其规格是以最大开口宽度（mm）×扳手长度（mm）来表示的，如100mm×450mm。

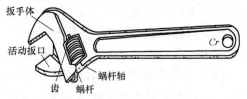

图1-6　活扳手

活扳手操作起来不太方便，需旋转蜗杆才能使活动扳口张开及缩小，而且容易从螺钉上滑移，应尽量少用。注意：使用活扳手时，应使拉力作用在开口较厚的一边（见图1-7）。

（2）呆扳手　呆扳手（见图1-8）一端或两端有固定尺寸的开口，用以拧转一定尺寸的螺母或螺栓。在国内，呆扳手按其开口的宽度S大小分多种规格，如8mm×10mm、9mm×11mm、11mm×13mm、14mm×17mm等。通常为成套设备，有8件/套、10件/套等。使用时应根据螺钉或螺母的尺寸，选择相应开口尺寸的扳手。在使用过程中，应使拉力作用在开口较厚的一边，以防止扳手损坏和滑脱，如图1-9所示。

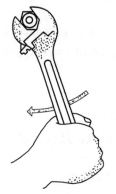

图1-7　活扳手正确使用方法

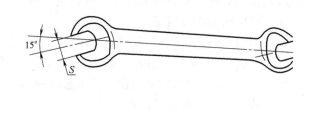

图1-8　呆扳手

（3）梅花扳手　梅花扳手两端具有带六角孔或十二角孔的工作端（见图1-10），适用于工作空间狭小，不能使用呆扳手的场合。两端内孔为正六边形，按其闭孔尺寸S大小分为8mm×10mm、12mm×14mm、17mm×19mm等。通常也为成套设备，有8件/套、10件/套等。

图1-9　顺时针扳动呆扳手的正确操作

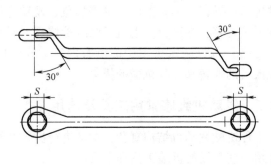

图1-10　梅花扳手

使用时根据螺钉或螺母的尺寸，选择相应闭口尺寸的梅花扳手。与呆扳手相比，由于梅花扳手扳动30°后即可换位再套，因此适合在狭窄场合下操作，加之使用强度高，不易滑脱，应优先选用。

为方便操作，有的扳手一头是呆扳手，另外一头是梅花扳手，被称为两用扳手（见图1-11）。两用扳手的开口直径和内孔直径一般相等，以使两端拧转相同规格的螺栓或螺母。

（4）套筒扳手 套筒扳手（见图1-12）由多个带六角孔或十二角孔的套筒并配有手柄、接杆、滑头手柄、棘轮手柄、快速摇柄等多种附件组成，特别适用于拧转空间十分狭小、凹陷很深处或者需要一定扭力的螺栓或螺母。其内孔形状与梅花扳手相同，也是正六边形，按其闭口尺寸大小也分有 8mm、10mm、12mm、14mm、17mm、19mm 等规格，通常也是成套装备。套筒扳手配合附件使用比梅花扳手更方便快捷，也应优先考虑使用。

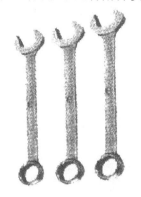

图 1-11　两用扳手

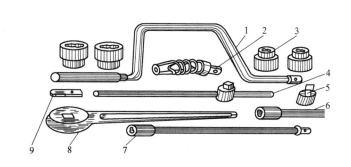

图 1-12　套筒扳手及其附件
1—快速摇柄　2—万向接头　3—套筒头　4—滑头手柄
5—旋具接头　6—短接杆　7—长接杆　8—棘轮手柄　9—直接管

还有一些专用的 T 形套筒扳手（见图1-13），更方便拆装，应更加优先考虑选用。

（5）内六角扳手 内六角扳手（见图1-14）用于拆装内六角螺栓。规格以六角形对边尺寸 S 表示，有3~27mm共13种，工程机械维修作业中使用成套内六角扳手拆装 M4~M30 的内六角螺栓。

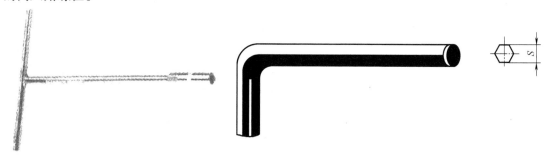

图 1-13　T 形套筒扳手

图 1-14　内六角扳手

（6）扭力扳手 扭力扳手（见图1-15）与套筒扳手中的套筒头配合使用，在拧转螺栓或螺母时，能显示出所施加的转矩，或者当施加的转矩到达规定值后，会发出光或声响信号。扭力扳手适用于对转矩大小有明确规定的装配工作，如发动机连杆螺母、缸盖螺钉、曲轴主轴承紧固螺钉、飞轮螺钉等重要螺钉的紧固。扭力扳手常用的形式有刻度盘式和预置式,其规格以最大可测力矩来划分,如预置扭力扳手有 20N·m、100N·m、250N·m、300N·m、760N·m、2000N·m 等。

(7)顶拔器 顶拔器(见图 1-16)用于拆卸配合较紧的轴承、齿轮等零部件,它由拉爪、座架、丝杆和手柄等组成。使用顶拔器时,根据轴端与被拉工件的距离转动顶拔器的螺杆,使螺杆顶端顶住轴端,拉爪钩住工件的边缘,然后慢慢转动丝杆将工件拉出。注意:顶拔器的中心线应与被拉工件轴线保持同轴,以免损坏顶拔器。

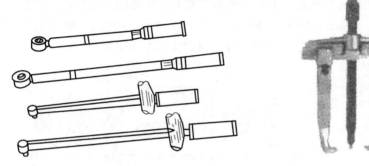

图 1-15 扭力扳手

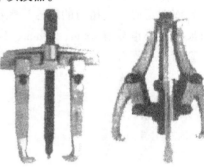

图 1-16 顶拔器

(8)衬套、轴承、密封圈安装器 安装衬套、轴承、密封网时,要求它们必须正确定位,应该采用专用安装器。图 1-17 所示是衬套、轴承、密封圈安装器套件,由各种不同内径衬套、压盘、手柄和隔板等组成。安装时应根据衬套、轴承或密封圈大小选择合适尺寸的安装器部件,组装成驱动工具,再将衬套、轴承、密封圈压入(见图 1-18)。

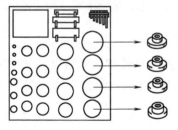

图 1-17 衬套、轴承、密封圈安装器

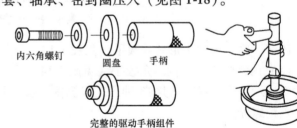

内六角螺钉 圆盘 手柄

完整的驱动手柄组件

图 1-18 衬套、轴承、密封圈安装器的使用

2. 常用量具

在工程机械发动机进行参数测量和故障判断中,常用的量具主要有游标卡尺、千分尺、塞尺及百分表等。

(1)游标卡尺 游标卡尺用于较准确地测量物体的长度、厚度、深度或孔距等。其种类和结构较多,游标卡尺的规格常用测量范围和测量精度表示,常用测量范围有 0~125mm 和 0~150mm 两种,常用分度值(游标读数值)有 0.1mm、0.02mm 和 0.05mm 等。

1)游标卡尺结构。游标卡尺主要由尺身和游标等组成(见图 1-19),尺身刻线间距为 1mm。游标上有 n 个分度格:若 $n=10$,则该游标卡尺的精度是 0.1mm;若 $n=20$、50,则该游标卡尺的精度分别是 0.05mm、0.02mm。

2)游标卡尺读数方法。先读出游标的零刻度所对的主尺左边的毫米整数,图 1-19 所示为 10mm；再根据游标尺上与主尺对齐的刻度线读出毫米以下的小数部分，图 1-20 所示对齐的刻度线为 8.5，乘以游标卡尺分度值 0.1mm，得 0.85mm。再加前面的 10mm，则测量值为 10.85mm。

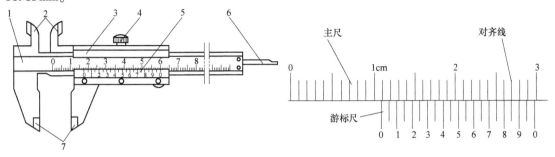

图 1-19　游标卡尺结构

1—尺身　2—刀口内量爪　3—尺框

4—紧固螺钉　5—游标　6—深度尺　7—外量爪

图 1-20　游标卡尺的读数

使用游标卡尺测量前应用软布将量爪擦干净，使其并拢，查看游标和主尺的零刻度线是否对齐。如果对齐，则可以进行测量；如没有对齐，则要记取零误差，在实测值中加以修正。

（2）千分尺　千分尺又称螺旋测微器，其测量精度比游标卡尺高，可达 0.01mm。千分尺按用途一般分为外径千分尺、内径千分尺、杠杆千分尺、深度千分尺、壁厚千分尺及公法线千分尺等。

1）千分尺的结构。以外径千分尺为例，如图 1-21 所示，它主要由尺架、砧座、测微螺杆、固定套管、微分筒、测力装置和锁紧装置等组成。在千分尺的固定套管 6 的轴向刻有一基线，基线上、下方都刻有间距为 1mm 的刻线，上、下刻线错开 0.50mm。微分筒的圆锥面上刻有 50 等分格。由于测微螺杆和固定套管的螺距都是 0.50mm，所以当微分筒转动一圈时，测微螺杆就移动

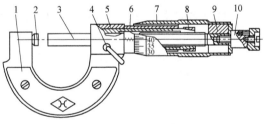

图 1-21　千分尺结构

1—尺架　2—砧座　3—测微螺杆　4—锁紧装簧

5—螺纹轴套　6—固定套管　7—微分筒

8—螺母　9—接头　10—测力装置

0.50mm，同时微分筒就遮住或露出固定套管上的一条刻线；当微分筒转动一格时，测微螺杆就移动 0.5mm/50 = 0.01mm，即千分尺的分度值为 0.01mm。千分尺规格按测量范围分，常用的有 0 ~ 25mm、25 ~ 50mm、50 ~ 75mm、75 ~ 100mm、100 ~ 125mm、125 ~ 150mm 六种。

2）千分尺读数方法。读数时，先从固定套管上读出毫米数与半毫米数，再看基线对准微分筒上哪格及其数值，即多少个 0.01mm，把两次读数相加就是测量的完整数值。如图 1-22 所示，固定套管上露出来的读数为（8 + 35 × 0.01）mm = 8.35mm。

使用千分尺时应注意：

① 千分尺测量前应用软布将测量端面擦干净。

② 校准零刻度线是否对齐（测量下限不为零的千分尺附有用于调整零位的标准棒）：如

果对齐就可以进行测量；如果没有对齐，可以用千分尺附带的标准棒调零。

（3）塞尺 塞尺（见图1-23）主要用来测量两平面之间的间隙，厚薄片上标有厚度的尺寸值。塞尺的规格以长度和每组片数来表示，长度常见的有100mm、150mm、200mm、300mm四种，每组片数有11～17片等多种。使用时，根据两平面之间的间隙所要求的数值，选择相应的塞尺厚度，塞入两平面之间，用手轻轻来回拉动，感觉略有阻力即可。

（4）百分表 百分表常用来测量机器零件的各种几何形状偏差和表面相互位置偏差，也可以测量零部件的长度尺寸。常见百分表的测量范围有 0～3mm、0～5mm、0～10mm 等。

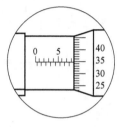

图1-22 千分尺的读数

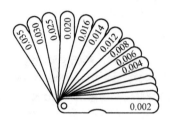

图1-23 塞尺

1）百分表结构。百分表主要由表盘、指针、量杆和测量头等组成（见图1-24），刻度盘圆周刻成100等分，分度值为0.01mm，当大指针转动一周时，测量杆的位移为1mm，表盘和表圈是一体的，可任意转动，以便使指针对零位，小指针用以指示大指针的回转圈数。

2）百分表的使用方法。使用前，要检查百分表是否正常，用手轻轻推动和放松测量杆时，测量杆在轴套内的移动应平稳、灵活、无卡住或跳动现象；主指针与表盘应无摩擦现象。使用时必须将其可靠固定到表座（万能表座、磁性表座）或其他支架上，如果是采用夹持轴套的方法来固定百分表，夹紧力要适当，以免造成测量杆卡住或移动不灵活的现象。使测量头与被测表面接触时，测量杆应预先有 0.3～1mm 的伸缩量，再把百分表紧固住。然后用两指捏住测量杆上端的挡帽提起 1～2mm，再轻轻放下，反复提拉 2～3 次，观察主指针是否回到位。为了读数方便，测量前一般都把百分表的大指针指到表盘的

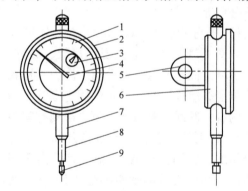

图1-24 百分表结构

1—表盘 2—表圈 3—小指针转数指示盘 4—大指针
5—耳环 6—表体 7—轴套 8—测量杆 9—测量头

零位。测量时，眼睛的视线要垂直于表盘，正对大指针来读数。大指针每转过一格为0.01mm，要在主指针停止摆动后再开始读数。

使用百分表时应注意：

① 不应使用百分表测量毛坯或有显著凸凹表面的工件，否则容易损坏百分表。

② 测量时，测量杆的行程不要超出它的测量范围，以免损坏表内零件。

③ 百分表测量头和待测物体表而应保持干净。

④ 测量圆柱形工件时，测量杆的轴线应与工件直径方向一致并垂直于工件轴线。

复习思考题

1-1 什么是内燃机?

1-2 内燃机由哪些部分组成?

1-3 四冲程柴油机的工作原理是什么?

1-4 发动机的修理依据是什么?

1-5 发动机的修理要求有哪些?

1-6 发动机的修理工艺包括哪些?

第 2 章　曲柄连杆机构

本章主要介绍工程机械用柴油发动机曲柄连杆机构的总体结构，叙述了曲柄连杆机构的各组成部分的结构和功能，提出了曲柄连杆机构的修理要求和基本的工艺过程。

2.1　概述

曲柄连杆机构是往复式内燃机的主要工作机构和运动部件。曲柄连杆机构是发动机实现工作循环，完成能量转换的主要运动零部件。在四冲程发动机的做功行程中，曲柄连杆机构将燃料燃烧产生的热能经过活塞往复运动、曲轴旋转运动而转变为机械能，对外输出动力；在其他行程中，则依靠曲柄和飞轮的转动惯性、通过连杆带动活塞上、下往复运动，为下一次做功创造条件。

曲柄连杆机构是发动机实现热能与机械能相互转换的主要机构，其主要功用是将气缸内气体作用在活塞上的力转变为曲轴的旋转力矩，从而输出动力。在发动机的工作过程中，燃料燃烧产生的气体压力直接作用在活塞顶面，推动活塞做往复直线运动；经活塞销、连杆和曲轴，将活塞的往复直线运动转换为曲轴的旋转运动。在发动机工作时，气缸内最高温度可达 $2500℃$ 以上，最高压力可达 $9MPa$，最高转速可达 $6000r/min$。此外，与可燃混合气和燃烧废气接触的机件（如气缸、气缸盖、活塞组等）还将受到化学腐蚀。因此，曲柄连杆机构是在高温、高压、高速和有化学腐蚀的条件下工作的。

曲柄连杆机构可分为机体组、活塞连杆组和曲轴飞轮组三部分，如图 2-1 所示。在有些发动机上，为平衡曲柄连杆机构的惯性力，还装有平衡装置。

由于曲柄连杆机构是在高压下做变速运动的，因此，它在工作中的受力情况很复杂。其中主要有气体作用力、运动质量的惯性力、旋转运动件的离心力以及相对运动件的接触表面所产生的摩擦力等。气体力作用于活塞顶上，在活塞的四个行程中始终存在，但做功行程中的气体力最大，压缩行程次之。做功行程中的气体力是发动机对外做功的原动力，该力通过连杆、曲柄销传到曲轴，使曲轴旋转对外做功。

曲柄连杆的往复运动质量包括活塞组零件质量和连杆小端集中质量，它沿气缸轴线作往复变速直线运动，产生往复惯性力；旋转运动质量包括曲柄质量和连杆大端集中质量，它绕曲轴轴线旋转，产生旋转惯性力，也称离心力。

若以 F_g、F_j 和 F_k 分别表示气体力、往复力和旋转惯性力，则曲柄连杆机构中的受力情况如图 2-2 所示。

气体力 F_g 和往复惯性力 F_j 同时作用在活塞上，由于两者

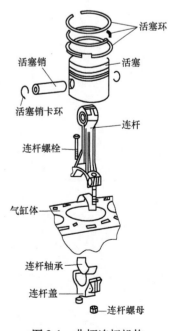

图 2-1　曲柄连杆机构

都是沿着气缸轴线作用，故活塞上的总作用力 F 等于 F_g 和 F_j 的代数和。

总作用力 F 在活塞销中心分解为垂直气缸轴线且使活塞压向气缸壁的侧向力 F_N 及沿着连杆轴线作用的连杆力 F_S，如图 2-2b 所示。侧向力 F_N 使活塞和气缸壁加剧磨损，同时它对曲轴旋转轴线的力矩称为翻倒力矩，有使发动机翻倒的倾向，翻倒力矩通过机体传到发动机支承。连杆力 F_S 使连杆受到压缩或拉伸，连杆力 F_S 传到曲柄销中心分解为垂直曲柄的切向力 F_T 和沿着曲柄作用的径向力 F_R，切向力 F_T 产生曲轴转矩 T，径向力 F_R 使曲轴轴承承受载荷。

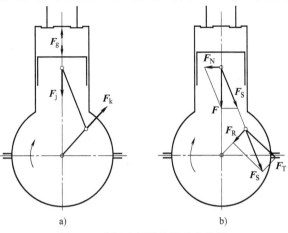

图 2-2　曲柄连杆机构的受力分析

由于发动机工作循环的周期性和曲柄连杆机构运动的周期性，上述各种作用在曲柄连杆机构和机体的各有关零件上的作用力都随曲轴转角呈周期性变化，因此曲柄连杆机构在工作中的受力情况非常复杂，包括压缩、拉伸、弯曲和扭曲等不同形式的载荷。往复惯性力、旋转惯性力、翻倒力矩和曲轴转矩的周期性变化将引起发动机在支承上的振动，从而降低了工作的平顺性和舒适性。为了保证工作可靠、减少磨损，减轻振动，在结构上必须采取相应的措施。例如，应该尽量减小曲柄连杆机构运动件质量以减小惯性力，以及在曲轴上加平衡重、设置平衡机构来平衡惯性力。

2.2　机体组

机体组主要由气缸体、气缸套、气缸盖、曲轴箱和油底壳等组成（见图 2-3），是构成发动机的骨架，发动机各机构和各系统的安装基础。机体组的内、外安装着发动机的所有主要零件和附件，承受各种载荷。因此，机体组必须要有足够的强度和刚度。

发动机在工作时，机体承受着周期性变化的气体作用力、惯性力及力矩的作用，并将所受的力和力矩通过机体传给机架。

2.2.1　气缸体和曲轴箱

气缸体是发动机的装配基体，其结构复杂，一般采用铸铁或铝合金铸造而成。气缸为圆柱形空腔，活塞在其内部做往复直线运动，多个气缸组合成一体即为气缸体。

根据气缸的排列形式，气缸体有直列式、卧式和 V 形三种结构形式，如图 2-4 所示。

直列式气缸体的各个气缸排成一列，一般是垂直布置；卧式气缸体的气缸通常排成两列，两列气缸之间的夹角为

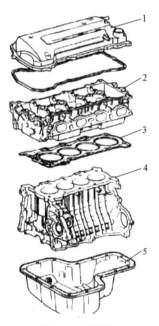

图 2-3　机体组
1—气缸盖罩　2—气缸盖　3—气缸垫
4—气缸体　5—油底壳

180°；V 形气缸体的气缸也排成两列，但两列气缸之间的夹角小于 180°。卧式和 V 形气缸体与缸数相同的直列式气缸体相比，高度降低、长度缩短，但宽度增大。

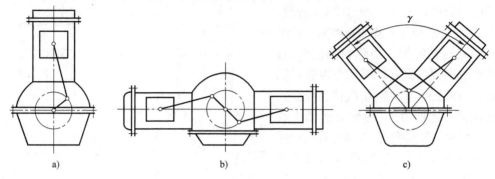

图 2-4　气缸体的结构形式

a）直列式　b）卧式　c）V 形

气缸体下部包围着曲轴的部分称为曲轴箱。为安装曲轴，在曲轴箱内加工有若干个同心的主轴承孔。曲轴箱的主要功能是保护和安装曲轴，也可用于安装发动机附件。曲轴箱有三种结构形式：一般式曲轴箱，多用于中、小型发动机；龙门式曲轴箱，多用于大、中型发动机；隧道式曲轴箱，只用于少数机械负荷较大、采用组合式曲轴的发动机，如图 2-5 所示。

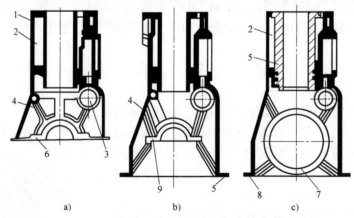

图 2-5　曲轴箱的结构形式

a）一般式　b）龙门式　c）隧道式

1—气缸体　2—水套　3—凸轮轴座孔　4—加强肋　5—湿式气缸套　6—主轴承座

7—主轴承座孔　8—气缸体安装平面　9—主轴承盖安装平面

活塞在气缸内运动，气缸表面必须耐磨。但气缸体全部用优质耐磨材料制造，其成本较高；因此，除一些小型发动机外，在大、中型的发动机气缸内一般镶有气缸套。气缸套有干式和湿式两种，如图 2-6 所示。干式气缸套不与冷却水接触，冷却效果较差，但加工和安装都比较方便，其壁厚一般为 1～3mm。湿式气缸套外表面直接与冷却水接触，所以冷却效果好，但加工和安装工艺复杂，壁厚一般为 5～9mm。

在气缸体的侧壁上加工有主油道，在主油道与需润滑的部位（如主轴承等）之间有分油道连通。发动机工作时，润滑油经主油道和分油道输送到各摩擦副表面。

2.2.2　气缸盖

气缸盖的功用是封闭气缸上部，并与活塞顶面构成燃烧室。气缸盖结构复杂，一般采用铸铁或铝合金铸造而成。对具体发动机而言，气缸盖的结构各异，但有许多共同点，如图2-7所示。

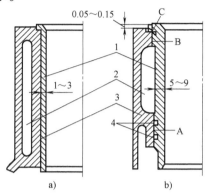

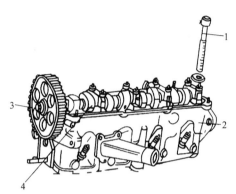

图2-6　气缸套的结构图

a）干式　b）湿式

1—气缸套　2—水套　3—气缸体　4—橡胶密封圈

A—下支承定位带　B—上支承定位带　C—定位凸缘

图2-7　气缸盖

1—气缸盖螺钉　2—气缸盖

3—配气正时齿轮　4—凸轮轴

气缸盖与气缸体接合平面上的凹坑是燃烧室的组成部分。

在气缸盖上加工有气门座、气门导管孔、气道、摇臂轴安装座或凸轮轴安装座孔等。为了润滑安装在气缸盖上的运动零件，在气缸盖内加工有润滑油道。

在水冷式发动机的气缸盖内设有水套，气缸盖端面上的冷却液孔与气缸体上的冷却液孔相通，能够使循环冷却液对燃烧室等高温机件进行冷却。汽油发动机的气缸盖上还加工有火花塞安装座孔，柴油发动机气缸盖则加工有喷油器安装座孔。

气缸盖一般有一缸一盖、二缸一盖或三缸一盖等几种形式。

2.3　活塞连杆组

活塞连杆组主要由活塞、活塞环、活塞销、连杆及连杆轴承等组成，如图2-8所示。其中活塞的作用是承受气体压力，并通过活塞销和连杆驱使曲轴旋转；连杆的作用是连接活塞与曲轴，并把活塞承受的气体压力传递给曲轴，使活塞的往复运动转换成曲轴对外输出转矩的旋转运动，以驱动工程机械车轮转动。

2.3.1　活塞

活塞的功用主要是承受气缸中气体的压力，并将此压力通过活塞销传给连杆，以推动曲轴旋转。此外，活塞的顶部还与气缸盖和气缸壁共同组成燃烧室。

活塞一般都用铝合金铸造或锻造而成，其构造如图2-9所示，主要由活塞顶部、活塞头部和活塞裙部三部分组成，在活塞裙部的上部有活塞销座。

发动机广泛采用的活塞材料是铝合金，有的柴油机上也采用高级铸铁或耐热钢制造活塞。铝合金活塞具有质量小、导热性好的优点；缺点是热膨胀系数较大，在高温时，强度和刚度下降较大。

1. 活塞顶部

活塞顶部是燃烧室的组成部分，用来承受气体压力。根据不同的目的和要求，活塞顶部制成各种不同的形状，其顶部形状可分为四大类：平顶活塞、凸顶活塞、凹顶活塞和成形顶活塞。

平顶活塞顶部是一个平面，结构简单，制造容易，受热面积小，顶部应力分布较为均匀，一般用在汽油机上，柴油机很少采用。

凸顶活塞顶部凸起呈球顶形，其顶部强度高，起导向作用，有利于改善换气过程，二冲程汽油机常采用凸顶活塞。

凹顶活塞顶部呈凹陷形，凹坑的形状和位置必须有利于可燃混合气的燃烧，凹坑种类有双涡流凹坑、球形凹坑及 U 形凹坑等。

2. 活塞头部

活塞头部指第一道活塞环槽到活塞销孔以上部分，有数道环槽。活塞头部的作用除了用来安装活塞环外，还有密封作用和传热作用，与活塞环一起密封气缸，防止可燃混合气漏到曲轴箱内，同时还将活塞内部 70% ~80% 的热量通过活塞环传给气缸壁。

3. 活塞裙部

活塞裙部指从油环槽下端面起至活塞最下端的部分，它包括安装活塞销的销座孔。活塞裙部的作用是承受侧压力和导引活塞的运动，活塞裙部承受侧压力的两个侧面称为推力面，它们处于与活塞销轴线相垂直的方向上。在活塞裙部铸有活塞销座。活塞销座是活塞与活塞销的连接部分，位置在活塞裙部的上部，为厚壁圆筒结构，用以安装活塞销。

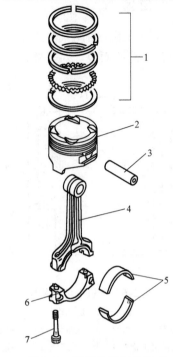

图 2-8　活塞连杆组的组成
1—活塞环　2—活塞　3—活塞销　4—连杆
5—连杆轴承　6—连杆盖　7—连杆螺栓

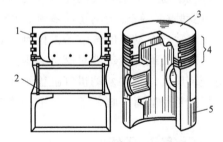

图 2-9　活塞的基本结构
1—活塞环槽　2—活塞销座　3—活塞顶部
4—活塞头部　5—活塞裙部

2.3.2　活塞环

1. 活塞环的功用

活塞环安装在活塞环槽内，按其功用可分为气环和油环两类，如图 2-10 所示。

气环的作用是保证活塞与气缸壁间的密封，防止气缸的高温、高压燃气漏入曲轴箱，同时还将活塞顶部的大部分热量传导给气缸壁，再由冷却液或空气带走。

油环的作用：一是密封，二是刮除气缸壁上多余的机油，并在气缸壁上均匀的铺涂一层机油膜，这样既可以防止机油窜入气缸燃烧，又可以减小活塞、活塞环与气缸的磨损和摩擦阻力。

此外，油环也起到密封的辅助作用，一般发动机上装有两道气环和一道油环。

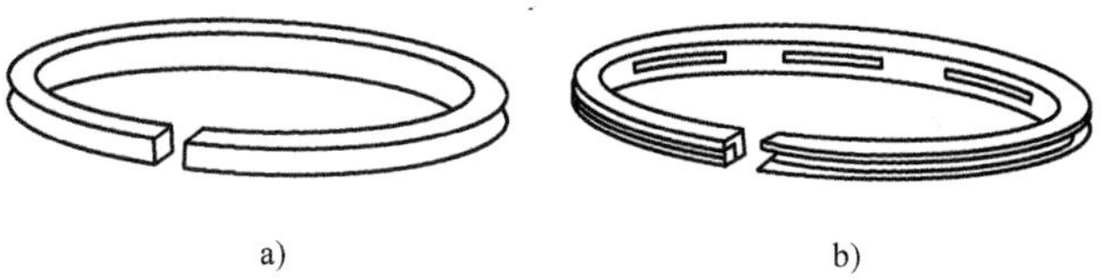

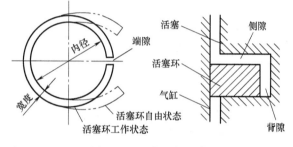

图 2-10　活塞环的分类

a）气环　b）油环

2. 活塞环的工作条件

活塞环工作时在气缸中高温、高压燃气的作用下，活塞环的温度较高，尤其是第一道气环，温度可达 330°C。活塞环在气缸内高速运动，加上气缸内气体的高温作用，部分机油出现变质，使活塞环的润滑条件变坏，难以保证液体润滑，造成气缸和活塞环磨损严重。

3. 活塞环的构造

发动机工作时，活塞和活塞环都会发生热膨胀。并且活塞环随活塞在气缸内做往复运动时，有径向胀缩变形现象。因此，活塞环在气缸内应有开口间隙，与活塞环槽间应有侧隙与背隙，如图 2-11 所示。开口间隙又称端隙，是活塞冷状态下装入气缸后开口处的间隙。此开口间隙随缸径的增大而增大，柴油机略大于汽油机，第一道气环略大于第二、三道环。

侧隙又称边隙，是活塞环高度方向上与环槽之间的间隙。第一道环因工作温度较高，一般间隙比其他环大些，油环侧隙较气环小。

图 2-11　活塞环的间隙

背隙是活塞和活塞环装入气缸后，活塞环背面与环槽底部的间隙。油环的背隙较气环大，目的是增大存油间隙，以利于减压泄油。为测量方便，维修中以环的厚度与环槽的深度差来表示背隙，此数值比实际背隙要小。

（1）气环

1）气环的密封原理。活塞环在自由状态下，其外圆直径略大于缸径，所以装入气缸后，气环就产生一定的弹力 F_1，与气缸壁压紧，形成第一密封面，如图 2-12 所示。在此条件下气体不能从环外圆与气缸壁之间通过，便窜入侧隙和背隙。另外，活塞环在运动时产生惯性力，并与气缸壁间产生摩擦力。因此，活塞环与环槽侧面密封的压紧力是气体压力、惯性力和摩擦力三个沿气缸轴线方向的合力。在做功与压缩行程时，气体压力一般起主导作用，使活塞环被压紧在环槽下侧面形成第二密封面。一般情况下，排气行程时，第二密封面也在环的下侧，而进气行程在环的上侧。

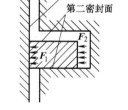

图 2-12　活塞环的密封原理

此外，窜入活塞环背隙的气体将产生背压力 F_2，使环对气缸壁进一步压紧，加强了第一、二密封面的密封性，称为第二次密封。做功行程时，环的背压力远远大于环的弹力，所以此时第一、二密封面的密封性好坏，主要是靠第二次密封。但是，如果环的弹力不够，而在环面与气缸壁间出现缝隙，此缝隙就要首先漏窜气体，这样就削弱或形不成第二次密封。因此，活塞环弹力产生的密封是形成第二次密封的前提。

2）气环的断面形状。气环按其断面形状可分为矩形环、锥形环、梯形环、桶面环、扭曲环、反扭曲锥形环，如图 2-13 所示。其中，扭曲环又分为内切口和外切口两种，内切口扭曲环的切口在其内圆上边，而外切口则在其外圆下边。

矩形环。环的断面为矩形，其结构简单，制造方便，且与气缸壁接触面积大，导热效果好，有利于活塞头部的散热。但矩形环有"泵油作用"，使润滑油由下而上进入燃烧室，如图 2-14 所示，致使燃烧室内形成积炭，同时加大了润滑油消耗，故应用逐渐减少，或与其他形状的气环配合使用。

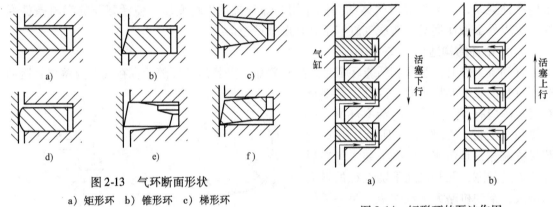

图 2-13　气环断面形状

a）矩形环　b）锥形环　c）梯形环
d）桶面环　e）扭曲环　f）反扭曲锥形环

图 2-14　矩形环的泵油作用

锥形环。锥形环的磨合性较好，并有向下泵油作用。安装时，应将有记号的一面向上。锥形环导热性较差，多用于第二、三道气环。

扭曲环。扭曲环是在矩形环的内圆上边缘或外圆下边缘切去一部分后形成的环。这种环的断面不对称，装入气缸后，在弹力作用下产生扭曲，故称为扭曲环。此种环的磨合性和密封性均较好，在发动机上得到了广泛应用。安装时，应使内圆切槽向上，外圆切槽向下，不能装反。

梯形环。梯形环的横断面呈梯形，有良好的抗黏结性。

桶面环。桶面环的外圆面为凸圆弧线，密封性好，易磨合，能保证良好的润滑，桶面环普遍用作强化柴油机的第一环。

反扭曲锥形环。反扭曲锥形环一般与扭曲环配合使用，可有效防止活塞环在环槽内的泵油作用，同时增加了密封性。

（2）油环　油环按结构分为整体式和组合式两种。整体式油环一般用在工程机械柴油机上，其外圆中部切有环槽，槽底开有若干回油孔，发动机工作时，利用上、下两个板状环形刃口将气缸壁上的多余润滑油刮下，并通过回油孔流回曲轴箱。

2.3.3　连杆

连杆的功用是将活塞承受的气体压力传给曲轴，使活塞的往复直线运动变为曲轴的旋转运动。连杆由连杆小端、连杆杆身和连杆大端（包括连杆盖）三部分组成，如图 2-15 所示。

连杆小端与活塞销相连，采用全浮式连接的活塞销时，在连杆小端孔内装有连杆衬套。为润滑连杆衬套和活塞销，在连杆小端和连杆衬套上加工有集油孔或集油槽。

连杆杆身通常采用"工"字形截面，以求在保证连杆强度和刚度的前提下，减轻连杆的质量。

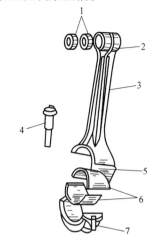

连杆大端是分开的，分开的部分称为连杆盖，连杆盖与连杆用连杆螺栓连接。连杆螺栓是特制的，其根部有一段直径较大的部分，它与螺栓孔配合，起定位作用，防止装配时连杆盖与连杆错位。

连杆大端连接曲轴上的连杆轴颈，连杆大端内孔装有两半的连杆轴承，轴承有一定的弹性，安装后轴承背面与连杆大端内孔紧密贴合，形成过盈配合。连杆大端的内孔加工有连杆轴承定位凹槽，安装时轴承背面的凸键卡在凹槽中，使连杆轴承正确定位。连杆轴承的内表面加工有油槽，用以储油，保证可靠润滑。有些连杆轴承及连杆大端还加工有径向小油孔，从油孔中喷出的油可使气缸壁得到更好的润滑。

图 2-15　连杆的组成
1—连杆衬套　2—连杆小端　3—连杆杆身　4—连杆螺栓　5—连杆大端
6—连杆轴承　7—连杆盖

连杆大端与连杆盖按切分面方向可分为：平切口和斜切口两种。采用最多的是平切口，有些负荷较大的柴油发动机连杆，由于连杆大端直径比气缸直径大，为拆装时能使连杆通过气缸，连杆大端与连杆盖切分面采用斜切口形式。斜切口的连杆盖与连杆大端一般采用锯齿定位、定位套定位、定位销定位或止口定位，如图 2-16所示。

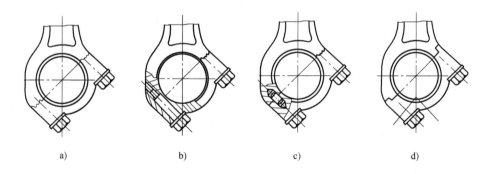

a)　　　　　　b)　　　　　　c)　　　　　　d)

图 2-16　斜切口的连杆盖与连杆大端的定位方式
a) 锯齿定位　b) 定位套定位　c) 定位销定位　d) 止口定位

2.4　曲轴飞轮组

曲轴飞轮组将作用在活塞上的气体压力变为旋转的动力，传给底盘的传动机构，同时驱动配气机构和其他辅助装置，如风扇、水泵、发电机等。

曲轴飞轮组主要由曲轴、飞轮、扭转减振器、正时齿轮和曲轴带轮等组成，如图 2-17所示。

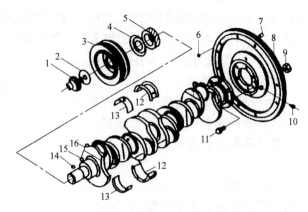

图 2-17　曲轴飞轮组

1—起动爪　2—起动爪锁紧垫片　3—扭转减振器带轮　4—挡油片
5—正时齿轮　6—第一、第六缸活塞上止点标记　7—圆柱销　8—齿环　9—螺母
10—润滑脂嘴　11—曲轴与飞轮连接螺栓　12—中间轴承上、下轴瓦
13—主轴承上、下轴瓦　14、15—半圆键　16—曲轴

2.4.1　曲轴

曲轴是发动机最重要的机件之一，它的主要功用是把活塞连杆组传来的气体压力转变为转矩并对外输出，传给底盘的传动机构。同时，曲轴还用来驱动发动机的配气机构和其他辅助装置，如风扇、水泵、发电机等。

曲轴在工作时，要承受周期性变化的气体压力、往复惯性力和离心力，以及它们产生的转矩和弯矩的共同作用。曲轴受力大而且受力复杂，并且承受交变负荷的冲击作用，同时，曲轴又是高速旋转件，因此，要求曲轴具有足够的刚度和强度，具有良好的承受冲击载荷的能力，耐磨损且润滑良好。曲轴一般用中碳钢或中碳合金钢模锻而成，为提高耐磨性和耐疲劳强度，轴颈表面经中频感应淬火或渗氮处理，并经精磨加工，以达到较高的表面硬度和表面粗糙度要求。

曲轴的基本组成包括前端轴、主轴颈、连杆轴颈、曲柄、平衡重、后端轴和后凸缘盘等，一个连杆轴颈和它两端的曲柄及主轴颈构成一个曲拐。曲轴的曲拐数取决于气缸的数目和排列方式。直列式发动机曲轴的曲拐数等于气缸数，V 形发动机曲轴的曲拐数为气缸数的 1/2。

1. 主轴颈和连杆轴颈

主轴颈是曲轴的支承部分。每个连杆轴颈两边都有一个主轴颈，称为全支承曲轴，全支承曲轴的主轴颈数总比连杆轴颈数多一个；主轴颈数少于连杆轴颈数者，称为非全支承曲轴。全支承曲轴的优点是，可以提高曲轴的刚度，且主轴承的负荷较小，在汽油机和柴油机中广泛采用。

连杆轴颈又叫曲柄销。在直列式发动机上，连杆轴颈数与气缸数相同。因为绝大多数 V 形发动机是在一个连杆轴颈上安装左、右两列各一个气缸的连杆，所以在 V 形发动机上连杆轴颈数为气缸数的 1/2。

曲轴上钻有贯穿主轴承、曲柄和连杆轴承的油道，以使主轴承内的润滑油经此贯穿油道流至连杆轴承。

2. 曲柄和平衡重

曲柄是用来连接主轴颈和连杆轴颈的，断面为椭圆形，如图 2-18 所示。为了平衡惯性力，曲柄处铸有（或紧固有）平衡重。平衡重的作用是平衡连杆大端、连杆轴颈和曲柄等产生的离心力及其力矩，有时也平衡活塞连杆组的往复惯性力和力矩，以使发动机运转平稳，并且还可减小曲轴轴承的负荷。

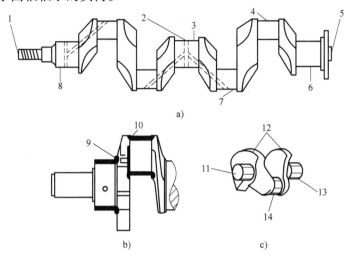

图 2-18　曲柄

a）曲轴　b）轴颈两端的过渡圆角　c）平衡重

1—前端轴　2—润滑油道　3、6、8、11、13—主轴颈　4、14—连杆轴颈
5—后端凸缘　7—曲柄　9—主轴颈圆角　10—连杆轴颈圆角　12—平衡重

3. 前端轴和后端轴

曲轴前端轴是第一道主轴颈之前的部分，通常制有键槽和螺纹，用来安装正时齿轮、驱动风扇和水泵的带轮、扭转减振器及止推片等，为了防止机油沿曲轴轴颈外漏，在曲轴前端装有甩油盘。

曲轴后端轴是最后一道主轴颈之后的部分，一般在其后端设有凸缘盘，用以安装飞轮。有的曲轴后端没有凸缘盘，飞轮用螺栓紧固于曲轴后端面上。

曲轴的前、后端都伸出曲轴箱，为了防止润滑油沿轴颈外漏，在曲轴的前、后端都设有防漏装置。常见的防漏装置有挡油盘、回油螺纹、油封等。

2.4.2　多缸发动机的点火顺序和曲拐布置

四缸四冲程发动机的点火间隔角为 $720°/4 = 180°$，曲轴每转半圈（180°）做功一次，四个缸的做功行程是交替进行的，并在 720° 内完成，因此，可使曲轴获得均匀的转速，工作平稳柔和。对于每一个气缸来说，其工作过程和单缸机的工作过程完全相同，只不过是要求它按照一定的顺序工作，即发动机的工作顺序，也叫做发动机的点火顺序。可见，多缸发动机点火顺序就是各缸完成同名行程的次序。四缸发动机四个曲拐布置在同一平面内，1、4 缸在上，2、3 缸在下，互相错开 180°，其点火顺序的排列只有两种可能，即为 1—3—4—2 或为 1—2—4—3，两种工作顺序的发动机工作循环表分别见表 2-1 和表 2-2。

表 2-1　点火顺序为 1—3—4—2 工作循环表

曲轴转角	第一缸	第二缸	第三缸	第四缸
0 ~ 180°	做功	排气	压缩	进气
180° ~ 360°	排气	进气	做功	压缩
360° ~ 540°	进气	压缩	排气	做功
540° ~ 720°	压缩	做功	进气	排气

表 2-2　点火顺序为 1—2—4—3 工作循环表

曲轴转角	第一缸	第二缸	第三缸	第四缸
0 ~ 180°	做功	压缩	排气	进气
180° ~ 360°	排气	做功	进气	压缩
360° ~ 540°	进气	排气	压缩	做功
540° ~ 720°	压缩	进气	做功	排气

四冲程直列式六缸发动机点火间隔角为 $720°/6 = 120°$，六个曲拐分别布置在三个平面内，一种点火顺序是 1—5—3—6—2—4，国产工程机械的六缸直列式发动机都用这种，其工作循环表见表 2-3。四冲程直列式六缸发动机另一种点火顺序是 1—4—2—6—3—5，是前一种的逆序。

表 2-3　点火顺序为 1—5—3—6—2—4 发动机工作循环表

曲轴转角		第一缸	第二缸	第三缸	第四缸	第五缸	第六缸
0 ~ 180°	60°			进气	做功	压缩	
	120°	做功	排气			压缩	进气
	180°			压缩	排气		
180° ~ 360°	240°		进气			做功	
	300°	排气					压缩
	360°			做功	进气		
360° ~ 540°	420°		压缩			排气	
	480°	进气					做功
	540°			排气	压缩		
540° ~ 720°	600°		做功			进气	
	660°	压缩					排气
	720°		排气	进气	做功	压缩	

2.4.3　扭转减振器

曲轴是一种扭转弹性系统，其本身具有一定的自振频率。在发动机工作过程中，经连杆传给连杆轴颈的作用力的大小和方向都是周期性变化的，所以曲轴各个曲拐的旋转速度也是忽快忽慢呈周期性变化的。安装在曲轴后端的飞轮转动惯量最大，可以认为是匀速旋转，由此造成曲轴各曲拐的转动比飞轮时快时慢，这种现象称为曲轴的扭转振动，当振动强烈时甚至会扭断曲轴。为了削减曲轴的扭转振动，有的发动机在曲轴前端装有扭转减振器，如图 2-19 所示。

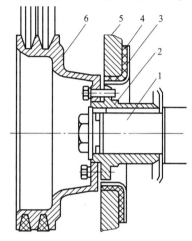

扭转减振器的功用就是吸收曲轴扭转振动的能量，削减扭转振动，避免发生强烈的共振及其引起的严重恶果。一般低速发动机不易达到临界转速。曲轴刚度小、旋转质量大、缸数多及转速高的发动机，由于自振频率低，强迫振动频率高，容易达到临界转速而发生强烈的共振，因而加装扭转减振器就很有必要。扭转减振器有橡胶式、摩擦式、硅油式等多种形式，常用的是橡胶式扭转减振器。

图 2-19　橡胶式扭转减振器
1—曲轴前端　2—带轮毂　3—减振器圆盘
4—橡胶层　5—惯性盘　6—带轮

2.4.4　飞轮

飞轮的主要功用是通过储存和释放能量来提高发动机运转的均匀性，改善发动机克服短暂的超负荷能力，与此同时，又将发动机的动力传给离合器。飞轮是一个转动惯量很大的圆盘，为了保证在有足够转动惯量的前提下，尽可能减小飞轮的质量，应使飞轮的大部分质量都集中在轮缘上，因此，轮缘通常做得宽而厚。飞轮外缘上压有一个齿圈，其作用是在发动机起动时，与起动机齿轮啮合，带动曲轴旋转。飞轮上通常刻有点火正时或供油正时记号，以便校准点火时间或供油时间，如图 2-20 所示。

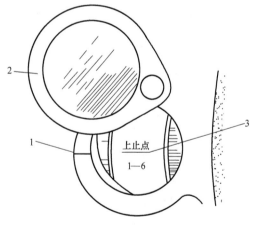

飞轮是高速旋转件，因此，要进行精确地平衡校准，平衡性能要好，达到静平衡和动平衡。飞轮是一个很重的铸铁圆盘，用螺栓固定

图 2-20　发动机飞轮正时记号
1—飞轮壳上的标记　2—观察孔盖　3—飞轮上的标记

在曲轴后端的接盘上，具有很大的转动惯量。飞轮轮缘上镶有齿圈，齿圈与飞轮紧配合，有一定的过盈量。

在飞轮轮缘上作有记号（刻线或销孔），供找压缩上止点用（四缸发动机为 1 缸或 4 缸压缩上止点，六缸发动机为 1 缸或 6 缸压缩上止点）。当飞轮上的记号与外壳上的记号对正时，正好是压缩上止点。飞轮与曲轴在制造时一起进行过动平衡试验，在拆装时为了不破坏它们之间的平衡关系，飞轮与曲轴之间应有严格不变的相对位置，通常用定位销和不对称布置的螺栓来定位。

2.5 曲柄连杆机构的维修

2.5.1 机体组的维修

1. 气缸体的清洗

对气缸体进行清洗前，应将油道堵头及可拆下的零件全部拆下。凸轮轴轴承和曲轴轴承等零件拆下后应做位置记号，以便装回原位；凸轮轴轴承拆装比较困难，铜制凸轮轴轴承不会被清洗液腐蚀，如无损坏可不必拆下。其他材质的凸轮轴轴承，价格比较便宜，一般拆下后不重复使用。

气缸体上的油污应使用清洗液进行热清洗，清洗后必须用清水进行彻底冲刷，以免残留有清洗液对机件产生腐蚀。注意：铝合金气缸体不能使用碱性清洗液清洗，以免产生腐蚀。气缸体清洗后，应立即在其各加工表面涂以润滑油，以防止生锈。

气缸体内加工的油道，可用高压空气疏通。气缸体内加工的油道清洁后，应立即将油堵安装好，并将气缸体放置在清洁处。

2. 气缸体裂损的维修

发动机使用过程中，若发现冷却液异常消耗或润滑油中有水，则表明气缸体、气缸盖或气缸垫可能有裂纹或蚀损穿洞。气缸体裂损一般是由制造中的缺陷、冷却液结冰或意外事故造成的，气缸体裂损会导致漏气、漏水及漏油，影响发动机的正常工作，必须及时修理或更换。

气缸体裂损一般发生在冷却水套或其他壁厚较薄的部位，明显的气缸体裂损可用目视或五倍放大镜检查出来，细小的气缸体裂损可通过水压或气压试验检查。气缸体裂损的维修方法有：补焊、黏接、螺钉填补等修理方法，必要时应进行更换。

（1）检查方法　水压（见图2-21）或气压检查法。

水压试验或气压试验的压力约为 $0.3 \sim 0.4$MPa。水压试验时，首先将气缸体、气缸垫和气缸盖装配好，密封水套的出水口，然后从水套进水口将水压入，查看漏水部位，即气缸体裂损部位。气压试验与水压试验方法类似，将压缩空气压入气缸体水套后，将气缸体放入水池或在气缸体表面遍涂肥皂水，冒气泡的部位即为气缸体裂损部位。检查出气缸体裂损部位后，应做好标记，以便修理。

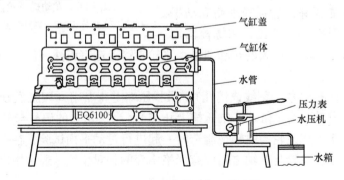

图 2-21　用水压法检测气缸体裂纹

（2）修复方法　气缸体与气缸盖裂纹的修理方法主要有黏结法、焊修法和堵漏法等。具体采用哪种方法，应根据裂纹的大小、裂损程度来确定。

1）环氧树脂胶黏结法。对于受力不大、温度低于100℃部位（除燃烧室、气门座附近等温度较高、受力较大的部位外）的裂纹，大部分可以采用环氧树脂胶黏结修复。它具有黏结力强、收缩性小、耐疲劳、工艺简单、操作方便和成本低等优点；其主要缺点是不耐高温、不耐冲击等。对于裂纹较集中或破洞部位，可以采用补板加环氧树脂胶黏结的方法修理。

2）焊修法。若气缸体、气缸盖的裂纹发生在受力较大或温度较高部位，则应采用焊接的修复方法。

3）堵漏法。堵漏法是利用堵漏剂修补气缸体漏水的方法。堵漏剂是由水玻璃、无机聚沉剂、有机速凝剂、无机填充剂和粘结剂等组成的胶状液体。

4）螺钉填补修理法。气缸体上有较长的单裂纹可采用此法修复。其方法是：在裂纹两端钻一个直径为3～5mm的小孔，并在小孔内攻螺纹，把纯铜螺钉旋入螺孔，将螺钉从距气缸体24mm处锯断；从一端开始，在靠近第一个小孔处依次钻孔、攻螺纹并旋入铜螺钉，用锤子将螺钉和气缸体铆平并相互咬紧即完成修复。

3. 气缸磨损的维修

发动机工作时，由于活塞在气缸内做往复直线运动，会造成气缸的磨损；气缸磨损严重时，会导致漏气、窜油，使发动机动力性能和经济性能下降。

气缸磨损若未超过其使用极限，可更换活塞环继续使用；若气缸磨损超过使用极限，应进行镗磨修理或镶套修理，必要时进行更换。

（1）气缸磨损的特征　气缸正常磨损的特征如图2-22所示。气缸孔沿高度磨损成上大下小的倒锥形，最大磨损部位是活塞在上止点时第一道活塞环对应的位置，该位置以上几乎无磨损，磨损到一定程度有明显的"缸肩"；在气缸孔横截面上四周磨损也不均匀，形成不规则的椭圆形，一般在磨损量最大处，磨损最不均匀，有时相差3～5倍。

受气缸内工作气体压力的影响，活塞在上止点附近时各道环的背压最大；与各道环相比，第一道环的背压最大，以下逐道减小。由于采用飞溅润滑，气缸上部的实际供油情况差，可燃混合气燃烧时机油也会有部分烧损；气缸上部温度比下部高，气缸上部机油黏度降低；气缸上部接近进气口，进气的冲击作用可能使机油分布不均匀。这些因素都不利于液体润滑的建立，从而增加了摩擦，加剧了磨损。

此外，燃烧废气还会引起腐蚀磨损，特别是发动机冷却液温度较低时，低温进气对气缸壁的激冷作用也可能产生电化学腐蚀磨损；进气中带进的硬质颗粒会导致磨料磨损，严重时会使气缸磨损成上、下小，中间大的"腰

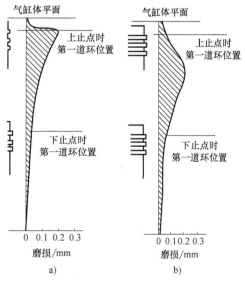

图2-22　气缸磨损的特征
a）倒锥形　b）腰鼓形

鼓"形。

（2）气缸磨损的检测　根据气缸磨损的特征，一般用圆度和圆柱度精度两个指标来反映气缸的磨损程度，以标准尺寸和气缸磨损后的最大尺寸的差值来衡量。测量气缸磨损量的测量位置很重要，通常气缸的测量位置和要求如图 2-23 所示。在气缸的上、中、下三个不同的高度及气缸的纵、横两个方向的六个部位，用量缸表测量气缸直径，然后根据测量结果计算出气缸的最大磨损量，圆度和圆柱度误差。

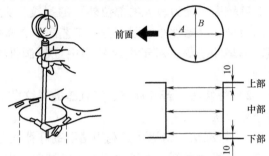

（3）气缸镗磨修理　气缸磨损超过磨损极限后，应按修理尺寸进行镗缸，同时选配与气缸同级别的加大活塞和活塞环，以恢复正确的几何形状和正常的配合间隙。

图 2-23　气缸内径测量位置

有修理尺寸的如果发现任何一个气缸需要镗削，则其他各缸也必须同时镗削。气缸镗削一般分 3～6 级，视不同机型而异，每级加大 0.25mm。镗削量的计算公式为

$$镗削量 = 活塞最大直径 - 气缸最小直径 + 配合间隙 - 磨削余量$$

磨削余量的大小应根据镗缸设备和操作人员的技术水平来选择。磨削余量过小，难以达到表面粗糙度的要求；磨削余量过大，不仅浪费工时，增加成本，还容易出现锥形和失圆，通常磨削余量可留 0.03～0.05mm。

气缸珩磨时，应严格控制珩磨头的转速和往复速度，以保证获得理想的网纹夹角。气缸镗磨修理后，其圆度和圆柱度误差应不大于 0.005mm，气缸壁的表面粗糙度值应满足 Ra 0.8μm 的要求，气缸与活塞配合间隙应符合标准。

用活塞试配时，先将活塞和气缸擦拭干净，把不带活塞环的活塞倒置在气缸体内，在活塞裙部大直径方向（无膨胀槽的一侧）夹入一规定厚度的塞尺，一手握住活塞，一手用弹簧秤拉出塞尺，各缸之间的拉力差不得超过 9.8N。

4. 气缸盖的维修

（1）气缸盖的拆装　为避免气缸盖变形，拆卸气缸盖时，气缸盖螺栓应按由四周向中央的顺序，分 2～4 次逐渐拧松，气缸盖螺栓拆装顺序如图 2-24 所示。

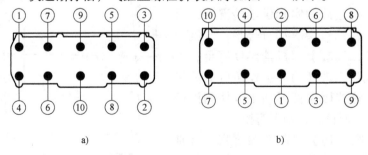

a)　　　　　　　　　　　　　　　　　　b)

图 2-24　气缸盖螺栓拆装顺序

a）拆卸顺序　b）安装顺序

安装气缸盖时，必须以与拆卸相反的顺序分次逐渐拧紧气缸盖螺栓，拧紧力矩必须符合原厂规定值。

（2）气缸盖平面变形的检查与修理

1）气缸盖平面变形的检查。气缸盖平面发生变形，可用刀口形直尺放在平面上，然后用塞尺测量刀口形直尺平面间的间隙，塞入塞尺的最大厚度值就是变形量，如图 2-25 所示。检验标准是：一般气缸盖下平面的平面度误差，每 50mm × 50mm 范围内均应小于或等于 0.05mm，与其配合的整个气缸体上平面应小于或等于 0.20mm。

气缸盖平面度误差的检验位置如图 2-25 所示。一般应分别从 A—A、A_1—A_1、B—B、B_1—B_1、C—C 及 C_1—C_1 六个位置进行检验，如有一个位置误差超过规定值，则须进行修理。

2）气缸盖平面变形的修理。气缸体与气缸盖平面发生变形，可用刀口形直尺放在平面上，然后用塞尺测量平尺平面间的间隙，塞入塞尺的最大厚度值就是变形量，如图 2-26 所示。

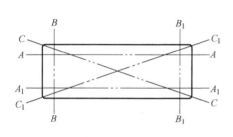

图 2-25 气缸盖平面度误差的检测位置

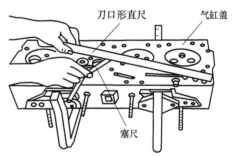

图 2-26 气缸盖变形的检查

气缸盖平面变形一般是由于热处理不当、缸盖螺栓拧紧力矩不均或放置不当造成的。平面度误差一般不能超过 0.05mm，否则应进行修理或更换。

对铸铁气缸盖的变形一般采用磨削或铣削方法进行修理。但切削量不能过大，一般不允许超过 0.5mm，否则将改变发动机压缩比。

3）清除燃烧室积炭。气缸盖上燃烧室内的积炭过多，会使燃烧室有效容积变小，改变发动机的压缩比。拆下气缸盖后，若发现燃烧室内积炭过多，应采用机械或化学方法进行清理。

4）气缸盖螺纹孔损坏的检修。气缸盖螺纹孔损伤一般用直观检查法，当螺纹孔螺纹损伤多于两个齿时，需修复，螺纹孔损伤最常见的是滑扣。螺纹孔的修复一般是在有可能加深螺孔时，加大螺纹的深度，保证螺纹长度。

（3）气缸盖裂纹检修　气缸盖裂损一般发生在冷却水套薄壁处或气门座处，会导致漏水或漏气；气缸盖的裂损一般是由于铸造的残余应力或使用不当造成等。

气缸盖裂损可参照气缸体裂损进行检查与修理。

2.5.2　活塞连杆组的维修

活塞连杆组的修理主要包括活塞、活塞环、活塞销的选配，连杆的检验与校正，以及活塞连杆组在组装时的检验校正和装配。

在发动机维修过程中，活塞、活塞销和活塞环等是作为易损件更换的，这些零件的选配是一项重要的工艺技术措施。

1. 活塞的选配

（1）活塞的拆装 发动机在工作过程中，活塞与气缸进行了良好的自然磨合，在拆装时不允许各缸活塞互换。因此，从气缸内拆出活塞时，必须注意活塞顶部有无缸位标记，如果没有应做缸位标记。

活塞的方向不能装错，在活塞顶部标有箭头、缺口标记的通常应朝向发动机前端，裙部有膨胀槽的应朝向承受侧压力较小的一侧。

（2）活塞的选配原则 当气缸的磨损超过规定值及活塞发生异常损坏时，必须对气缸进行修复，并且要根据气缸的修理尺寸选配活塞。选配好活塞后，应在活塞顶部按照气缸的顺序做出标记，以免装错。选配新活塞时应遵循以下原则：

1）活塞质量选配。为保证发动机的平衡，更换新活塞时必须仔细称量活塞的质量，新活塞质量与旧活塞应相同，加大尺寸的活塞也应如此。同组活塞的质量误差不应超过规定值（中、低速活塞质量误差小于或等于10g，高速活塞质量误差小于或等于5.0g），否则应适当车削裙部内壁或重新选配。

同一台发动机上，应选用同一厂家成组的活塞，确保其材料、性能、质量及尺寸一致；同一组活塞的直径差应不超过0.02mm。

2）活塞与气缸的选配。活塞与气缸选配的目的是保证其配合间隙符合标准。测量活塞裙部直径和气缸直径，并计算其配合间隙，配合间隙应符合标准。

活塞直径应在垂直活塞销方向的裙部进行测量。关于测量的位置，各型号发动机有不同的规定，应按原厂规定位置测量活塞直径。

2. 活塞环的选配

活塞环选配时，以气缸的修理尺寸为依据，同一台发动机应选用与气缸和活塞修理尺寸等级相同的活塞环。进口发动机活塞环的更换，按原厂规定进行。

对活塞环的要求：与气缸、活塞的修理尺寸一致；具有规定的弹力，以保证气缸的密封性；活塞环的漏光度、端隙、侧隙和背隙应符合原厂规定。

（1）活塞环的拆装 拆装气环应使用专用卡钳。手工拆装活塞环时，应先用布包住活塞环开口端部，然后用两手拇指使活塞环开口张大。但应注意：不要使活塞环开口两端上下错开，以免活塞环变形或折断。

安装非矩形断面的气环时，应注意活塞环端面上是否有"TOP"等标记，若有标记，有标记的一面应朝上。内切口扭曲环的切口应朝上，外切口扭曲环的切口应朝下，活塞环装反会导致漏气和窜油。

活塞环开口方向的布置直接影响气缸的磨损和密封性，开口方向的布置形式很多，但最好按原车要求进行。常见的活塞环开口方向布置形式如图2-27所示。除全裙式活塞外，一般活塞环开口不应与活塞销对正，同时开口应尽量避开做功时活塞与气缸壁接触的一侧。

（2）活塞环的选配 发动机工作时，活塞、活塞环等都会发生热膨胀。活塞环既要相对于气缸上下运动，活塞又相对于环横向移动，因此，更换活塞环时，应选用与气缸和活塞同一修理尺寸级别的活塞环，同时还应检查其侧隙、端隙和背隙是否符合标准，以保证活塞环与环槽和气缸的配合良好，以防止活塞环卡死在环槽和气缸中，确保其密封性能。端隙又称开口间隙（见图2-28），指活塞环置于气缸内时在开口处呈现的间隙，一般为0.25～

0.50mm；第一道环因工作温度高，其端隙比其余几道环大。侧隙又称边隙，如图 2-29 所示，指活塞环高度方向与环槽之间的间隙，第一道环因工作温度高，侧隙为 0.04 ~ 0.10mm；其他气环一般为 0.03 ~ 0.07mm；普通油环的侧隙较小，一般为 0.025 ~ 0.07mm；组合式油环没有侧隙。背隙指活塞环随活塞装入气缸后，环的背面（即内圆柱面）与环槽底部之间的间隙，一般为 0.30 ~ 0.40mm，普通油环的背隙比较大。

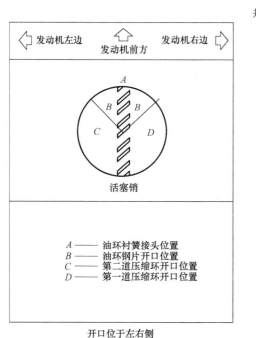

A —— 油环衬簧接头位置
B —— 油环钢片开口位置
C —— 第二道压缩环开口位置
D —— 第一道压缩环开口位置

开口位于左右侧

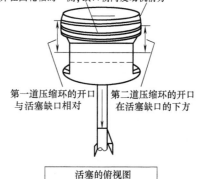

油环开口与压缩环开口错开 90°，并在凸轮轴的一侧，缺口朝向发动机前方

第一道压缩环的开口与活塞缺口相对　第二道压缩环的开口在活塞缺口的下方

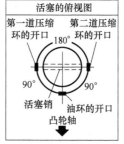

活塞的俯视图

开口位开前右侧

图 2-27　活塞环开口方向的布置

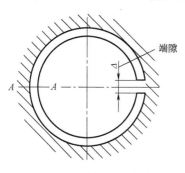

图 2-28　活塞环的端隙

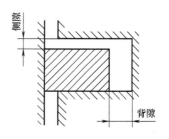

图 2-29　活塞环的侧隙和背隙

为了便于测量，维修中以环的厚度与环槽的深度差来表示背隙，此值比理论值小。

若活塞环侧隙过小，可将细砂纸放在平板上对活塞环进行研磨。若端隙过小，可进行锉修；端隙过大或有其他损坏，则必须更换。背隙可用深度卡尺或游标卡尺进行测量。

3. 活塞销的选配

（1）活塞销的拆装　采用半浮式连接的活塞销，必须在压床上拆卸或安装，在维修中若不更换活塞，就不必拆下活塞销。采用铝合金活塞时，活塞销在常温下与座孔为过渡配合，安装时先将活塞在温度为 70 ~ 80℃ 的水中或油中加热，然后再将活塞销装入。

拆卸活塞销时，应将活塞和连杆按缸位摆放好，以免装错。同时还应注意活塞与连杆上是否有安装方向标记，如果没有应做标记，以便安装时保证其正确的方向。活塞和连杆上的安装标记如图 2-30 所示，安装活塞销时应使标记在同一侧，活塞连杆组件安装到气缸内时应朝向发动机前方。

（2）活塞销的选配　发动机工作时，活塞销座孔一般比活塞销更容易磨损。活塞销座孔磨损后，因修理成本较高，一般应更换活塞，并同时更换活塞销和活塞环。

朝前标记

图 2-30　活塞和连杆上的安装标记

选配活塞销的原则：同一台发动机应选用同一厂家、同一修理尺寸的成组活塞销，活塞销表面应无任何锈蚀和斑点，质量误差在 10g 以内。

更换活塞销时，活塞销应与活塞销座孔进行选配。采用半浮式连接的活塞销，将活塞放置在销座孔处于垂直方向的位置上，在常温下活塞销应能靠自重缓缓通过活塞销座孔。采用全浮式连接的活塞销，在活塞加热到 70 ~ 80℃ 时，应能用手掌心将涂有机油的活塞销推入座孔。若不符合上述要求，过松或过紧均应重新选配活塞销，对采用全浮式连接的活塞销，允许通过铰削或镗削活塞销座孔的方法达到配合要求。

由于活塞销在发动机工作时，承受较大的冲击负荷，当活塞销与活塞销座和连杆衬套的配合间隙超过一定数值时，就会由于配合的松旷而发生异响。

4. 连杆的维修

（1）连杆的拆装　连杆大端内孔是与连杆盖配对装合后加工的，而且连杆装配后的质量在出厂时都有较严格的控制，故连杆和连杆盖的组合不能装错，一般都刻有配对标记（常用数字表示），拆装时必须注意。

连杆上的喷油孔和偏位连杆都有方向性，同时，为保证连杆大端和连杆小端与配合件的配合位置，连杆的杆身上刻有朝前标记，并在连杆大端侧面刻有缸位序号，装配时不可装反，也不可装错缸位。

连杆螺栓必须根据不同发动机的要求按规定力矩拧紧。带开口销的，不可漏装开口销。

（2）连杆大端内孔磨损的检修　连杆大端内孔磨损将产生失圆和锥形，当其圆度误差和圆柱度误差超过 0.025mm，而内孔圆周尺寸未变时，可通过对连杆轴承进行镗削来保证与连杆轴颈的装配精度。轴承内孔与对应连杆轴颈的径向间隙一般应为 0.01 ~ 0.11mm。

（3）连杆螺栓损伤的检验　连杆螺栓在工作中，由于受到很大的交变载荷作用，会发生拉长、裂纹和螺纹滑扣等损坏，严重时会导致断裂，造成敲坏气缸体的严重事故。修理中应认真检查，有条件时可进行磁粉探伤，不符合要求时，应及时更换。

（4）连杆变形的检查和校正　连杆变形主要是弯曲和扭曲，其主要危害是导致气缸、活塞和连杆轴承异常磨损。对采用全浮式连接的活塞销，连杆弯曲可能会引起活塞销卡环脱出。连杆变形量的检查必须使用专用的连杆检测仪器。

检查连杆变形时，须将连杆轴承盖装好，活塞销装入连杆小端，再将连杆大端固定在检测器的定心轴上，然后把三点式量规的 V 形槽贴紧活塞销，用塞尺测量检测器平面与量规指销之间的间隙。

三点式量规有三个指销，上面一个下面两个，三个指销均与检测器平面接触，说明连杆无变形；若量规仅上面一个指销（或下面两个指销）与检测器平面有间隙，说明连杆有弯曲变形，如图 2-31 所示，间隙大小反映了连杆的弯曲程度；若量规下面的两个指销与检测器平面的间隙不同，说明连杆有扭曲变形，如图 2-32 所示，两指销的间隙差反映了连杆的扭曲程度；若上述两种情况并存，说明连杆既有弯曲变形，又有扭曲变形。连杆弯曲或扭曲超过其允许极限时，应进行校正或更换连杆。

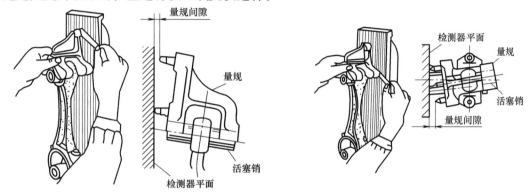

图 2-31　连杆弯曲的检查　　　　　　　图 2-32　连杆扭曲的检查

连杆的变形一般是利用连杆校正器的附设工具进行校正。当弯曲、扭曲并存时，通常是先校正扭曲后校正弯曲。

连杆扭曲变形的校正，如图 2-33 所示，将连杆大端轴承盖装好，套在检验器的心轴上，然后用板钳进行校正，直到合格为止。

连杆弯曲变形的校正，如图 2-34 所示，将弯曲的连杆置于压具上，使弯曲的部位朝上，施加压力，使连杆向已弯的反方向发生变形，并使连杆变形量达到已弯曲部位变形量的数倍以上，停止一定时间，等金属组织稳定后，再去掉外载荷；重新复查校正情况，确定是否需要再校。

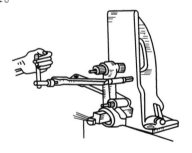 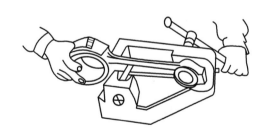

图 2-33　连杆扭曲的校正　　　　　　　图 2-34　连杆弯曲的校正

连杆的校正通常是在常温下进行冷压校正，卸除压力后，连杆有恢复原状的趋势。因此，在校正弯、扭变形较大的连杆后，最好进行时效处理：将连杆加热至 300℃左右，并保温一段时间。校正弯、扭曲变形较小的连杆时，只需在校正负荷下保持一定时间即可。

连杆杆身下盖的结合平面应平整。检验时，使两平面分别与平板平面贴合，其接触面应贴合良好。

连杆螺栓应无裂纹，螺纹部分完整，无滑扣和拉长等现象。选用新的连杆螺栓时，其结构参数及材质应符合规定，禁止用普通螺栓代替连杆螺栓，连杆螺栓的自锁螺母不得重复使用。

5. 活塞连杆组的组装

活塞连杆组的零件经修复、检验合格后，方可进行组装。组装前应对待装零件进行清洗，并用压缩空气吹干。

活塞与连杆的装配应采用热装合方法。将活塞放入水中加热至 80～100℃，取出后迅速擦净，将活塞销涂上机油，插入活塞销座和连杆衬套，然后装入锁环。两锁环内端应与活塞销端面留有 0.10～0.25mm 的间隙，以避免活塞销受热膨胀时把锁环顶出。锁环嵌入环槽中的深度应不少于锁环丝径的 2/3。

活塞与连杆组装时，要注意两者的缸序和安装方向，不得错乱。活塞与连杆一般都标有装配标记，两者的装配标记不清或不能确认时，可结合活塞和连杆的结构加以识别，如活塞顶部的箭头或边缘缺口应朝前。汽油机活塞的膨胀槽开在做功行程侧压力较小一面，连杆杆身的圆形突出点应朝前，连杆大端的 45°机油喷孔润滑左侧气缸壁。此外，连杆与下盖的配对记号一致并对正，或杆身与下盖承孔的凸榫槽安装时在同一侧，以避免装配时的配对错误。

最后，安装活塞环。安装时，应采用专用工具，以免将活塞环折断。由于各道活塞环的结构差异，所以在安装活塞环时，要特别注意各道活塞环的类型、规格、顺序及安装方向。

2.6 曲轴飞轮组的维修

2.6.1 曲轴的耗损形式

曲轴在高速运转过程中，将周期性地受到气体压力、往复惯性力和离心力的作用，可能导致曲轴的弯曲、扭转、断裂、疲劳破坏和轴颈磨损等。因此曲轴必须具有足够的强度、刚度、耐磨性及旋转平稳性。

曲轴常见的耗损形式有轴颈磨损、弯扭变形及曲轴断裂。

1. 轴颈磨损

轴颈磨损主要包括连杆轴颈磨损和主轴颈磨损两种形式。

1) 连杆轴颈磨损的特点和原因。发动机在工作中，连杆轴颈的周围面上的负荷是不均匀的，轴颈磨损将导致连杆轴颈失圆和锥体形状。各种发动机曲轴磨损规律表明，连杆轴颈磨损的最大位置是在靠近曲轴轴线的内侧面上。

2) 连杆轴颈失圆的原因。连杆轴颈磨损失圆的主要原因是，发动机在工作循环中气体压力、活塞连杆的惯性力及连杆大端的离心力等长时间作用在连杆轴颈靠曲轴轴线的内侧面。

3) 连杆轴颈锥体的原因。连杆轴颈磨损成锥体形状的主要原因是，机油中所含的机械杂质偏积。因为机油是沿着倾斜油道，从主轴颈流向连杆轴颈的。机油中所含的机械杂质因曲轴旋转的离心力作用，沿着倾斜油道的上面，随机油进入连杆轴颈的一侧。由于机械杂质偏积于此，其结果便造成同一轴颈上不均匀磨损的锥体形状。

4) 主轴颈磨损的特点和原因。主轴颈的磨损也是不均匀的，与连杆轴颈方向对称，磨损最大的位置处于连杆颈这一侧。轴颈失圆过大，会破坏油膜，降低了轴承的负荷能力，加剧了轴承及轴颈的磨损。

曲轴轴颈的失圆、锥体在正常磨损情况下的磨损量是很小的。磨损过大主要是由于对工程机械使用不正确、保养不及时而造成的。例如，当轴颈与轴承之间的配合间隙磨损增大后，未能及时地进行维修更换轴承，供油压力降低，使冲击负荷增大，导致加速磨损。不按期清洗和更换发动机机油等，也将使轴颈产生不正常的磨损。

2. 弯扭变形

曲轴弯曲是指主轴颈的同轴度误差大于 0.05mm。如果连杆轴颈的分配角误差大于 0.5°，则称为曲轴扭曲。

曲轴产生弯曲和扭曲变形是由于使用和修理不当造成的。如发动机在爆振和超负荷条件下工作，个别气缸不工作或者工作不平衡，各道主轴承松紧度不一致，主轴承座孔同轴度误差增大等，都会造成曲轴承载后的弯曲变形。曲轴弯曲变形后，将迅速加剧活塞连杆组和气缸的磨损，以及曲轴和轴承的磨损，甚至会出现曲轴的疲劳折断。曲轴扭曲变形还会影响发动配气火正时和着火正时。

3. 曲轴断裂

曲轴断裂对发动机来说属于严重的机件故障。曲轴的裂纹一般发生在曲柄和主轴颈的连接圆角处或轴颈油孔等应力集中部位，前者是径向裂纹，严重时将造成曲轴断裂；后者多为轴向裂纹沿斜置油孔的锐边方向轴向发展。曲轴的径向、轴向裂纹主要是由于应力集中造成的。

曲轴断裂的主要原因有以下几种：

1）个别用户选用机油不当，不注意"三滤"的清洗更换，严重超载造成发动机长期超负荷运行而出现烧瓦事故，从而使曲轴受到严重磨损。另外，修理手段及工艺问题也会造成曲轴局部应力集中，从而使曲轴的材料结构发生变化而断裂。

2）发动机修好后，没经过磨合期，发动机长期超负荷运行，使曲轴负荷超出允许的极限。

3）在曲轴的修理中采用了堆焊，破坏了曲轴的动平衡，又没有做动平衡校验，不平衡量超标等导致曲轴的断裂。

4）由于路况不佳，工程机械又严重超载，发动机经常在扭振临界转速内运行会造成曲轴扭转振动疲劳破坏而断裂。

2.6.2　曲轴的维修

曲轴的修理要点是保证曲轴在机体上运动平滑无阻滞，这需要我们先对曲轴进行各方面的检查校正。每一道工序都要认真仔细地按操作规程进行查看。一定要注意对曲轴从以下几个方面进行检查修整。

1. 曲轴裂纹的检查与修理

曲轴的裂纹一般是由冲击载荷造成的，多发生在轴颈两端过渡圆角处或油孔处。裂纹较严重时，可通过观察或用锤子轻轻敲击平衡重，通过发出的声音来判断。曲轴作为发动机重要承受力矩的传动件，其产生的疲劳应力是可想而知的，有些伤痕是肉眼观察不到的，需要借助专用探伤仪对其进行探伤检查，并检查各关键处，如曲拐处、轴颈表面等。检查裂纹最好的方法是在专用的磁粉探伤仪上进行磁粉探伤。

曲轴裂纹发生在非受力部位或裂纹不会延伸时，可进行焊修；曲轴裂纹发生在曲柄臂与轴颈等受力部位时，应更换新件。

2. 曲轴弯曲的检查与校正

曲轴的弯曲度检查需把曲轴放在平整的专用工作台上，如图 2-35 所示。用 V 形架支起曲轴，用准确的弯曲磁性座百分表检查曲轴最中间的轴颈；旋转曲轴，观察百分表的变化，如果最大与最小读数超过 0.20mm 就表示曲轴的弯曲度已超过标准了，从而要对曲轴进行弯曲度校正，无法修磨校正时应予以报废。

曲轴弯曲超过允许极限时，应进行校正。校正一般采用冷压校正法和表面敲击法。冷压校正曲轴如图 2-36 所示，冷压校正可在压床上进行：将曲轴两端主轴颈上垫 V 形块（与轴颈接触处垫铜皮），放在压床台面上；转动曲轴，使曲轴向上弯，并将压头对准中间主轴颈；使曲轴下面两个百分表指针抵触到轴颈上，调整表盘使表针指零；在曲轴弯

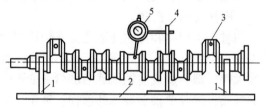

图 2-35 曲轴弯曲的检查
1—V 形架 2—平板 3—曲轴 4—百分表支架
5—百分表

曲最大的凸面加压，压力应缓缓增加，压弯量视曲轴材料而定，一般压弯量为曲轴弯曲量的 10~15 倍，对于球墨铸铁的曲轴，此值不大于 10 倍，并保持压力 2~3min。为消除冷压时产生的内应力，可进行时效热处理，即加热到 300~500℃，保温 0.5~1h。

曲轴弯曲变形较大时，必须反复多次校正，防止一次校正变形量过大而造成曲轴的折断。

表面敲击法校正曲轴如图 2-37 所示，此法适用下弯曲量小于 0.50mm 的曲轴。通过用球形锤子或风动锤敲击曲柄臂表面的非加工面，使曲轴变形，从而达到校正弯曲的目的。

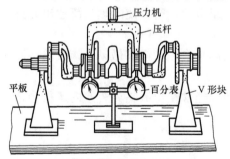

图 2-36 冷压法校正曲轴

图 2-37 表面敲击法校正曲轴

敲击的部位、力度和方向要根据弯曲量的大小、方向确定。

3. 曲轴扭曲的检查与校正

（1）曲轴扭曲的检查　检查曲轴扭曲变形时，仍采用图 2-36 所示的支撑方法，将一、六缸连杆轴颈转到水平位置，拉表检查两轴颈上母线同一测量位置至平板的距离差值，该差值即为曲轴的扭曲变形量。

（2）曲轴扭曲的校正　曲轴扭曲变形较轻微时，可直接在曲轴磨床上结合连杆轴颈磨

削予以修正；对于扭曲变形较大的曲轴，应予以更换。

4. 曲轴磨损的检查与修理

曲轴磨损的主要部位是主轴颈和连杆轴颈，主要表现为径向磨成椭圆，轴向磨成锥形。曲轴轴颈的不均匀磨损是由曲轴的结构、载荷、机油的质量和使用条件等因素决定的，但磨损数值取决于发动机的结构，不同型号的发动机其磨损量是不一样的。

连杆轴颈径向椭圆磨损的最大部位在各轴颈的内侧面上，即位于曲轴轴线侧；连杆轴颈沿轴线方向磨损的最大部位一般在机械杂质沉积侧和各个轴颈受力大的部位。主轴颈磨损后主要呈椭圆形，最大磨损部位往往在靠近连杆轴颈一侧，主轴颈沿轴向的不均匀磨损一般没有规律性。使用经验证明，一般直列式发动机，连杆轴颈的磨损比主轴颈的磨损快。

曲轴轴颈的磨损通常用外径千分尺来测量。每个轴颈测量两个截面，每个截面测量 3 ~ 4 个点，将每次测量的直径记录下来，最后计算出曲轴各轴颈的圆度误差和圆柱度误差，计算方法与测量气缸的相同。

曲轴轴颈的磨损超过规定值后，可采用缩小直径的方法来恢复轴颈的几何形状。如果曲轴轴颈存在擦伤或烧伤等损伤，也可采用上述方法予以修复。目前，国内外均采用磨削曲轴轴颈的方法来恢复它的几何形状。磨削加工可以保证曲轴轴颈的表面粗糙度符合要求，曲轴的磨削应在其他各种损伤修复后进行。曲轴磨削加工应在专用磨床上进行，工艺要点及技术要求如下：

1）磨削曲轴前应先确定修理尺寸。一般发动机曲轴的主轴颈和连杆轴颈均有标准尺寸和级差为 0.25mm 的 2 ~ 4 级缩小修理尺寸，并配有相应尺寸的轴承，少数曲轴无修理尺寸；选择的修理尺寸应小于或等于磨削加工后可能得到的最大轴颈尺寸。

2）同一曲轴的所有轴颈应按同一级修理尺寸进行磨削，以保证曲轴的动平衡。

3）曲轴轴颈磨削后尺寸应根据选定的修理尺寸和轴承的实际尺寸进行磨削加工，以保证规定的配合间隙。

4）曲轴磨削后，其轴颈圆度误差和圆柱度误差应小于 0.005mm，表面粗糙度 Ra 应小于 0.2μm，尺寸误差应不大于 0.02mm。

5）曲轴主轴颈和连杆轴颈的两端应加工半径为 1 ~ 3mm 的过渡圆角，轴颈上的机油孔应加工 0.50 ~ 1.00mm 的倒角，并除净毛刺。

5. 曲轴轴向间隙的检查与调整

检查曲轴轴向间隙时，应将百分表指针抵触在飞轮或曲轴的其他端面上，用撬棒前后撬动曲轴，百分表指针的最大摆差即为曲轴轴向间隙。也可用塞尺插入止推垫片与曲轴的承推面之间，测量曲轴的轴向间隙。

曲轴轴向间隙一般为 0.07 ~ 0.17mm，允许极限一般为 0.25mm。间隙过大或过小，可通过更换止推垫片来调整。

6. 曲轴装配要领

曲轴在安装时要保证轴颈的清洁，各轴瓦和轴瓦盖要严格按记号安装。同时还要注意轴承盖的方向，一般都会有箭头指示。在拆卸曲轴时，要从两端向中间的螺栓依次拆卸。在安装时曲轴轴承盖螺栓的拧紧应从中间向两端交替分别拧紧，拧紧方法与气缸盖螺栓相似，不能一次拧紧到位，要分几次进行，不能用力过猛，以防止曲轴翘曲变形。在拧紧的过程中不断用手盘动曲轴看其转动是否无卡滞，转动是否灵活，如果转动有卡阻现象，应及时查明原因，最后用精确的扭力扳手把螺栓拧紧到规定力矩值。

全部完成曲轴的安装检查后，最后还要对曲轴进行轴向间隙的检查：轴向间隙过小，容易发生烧损现象；轴向间隙过大，容易发生曲轴窜动过大现象，影响发动机的运转平稳性，加大对机体的冲击，轴向间隙的检查一般采用磁性座百分表检查法。

2.6.3 飞轮的维修

飞轮常见的损坏是齿圈的磨损、轮齿折断和离合器接触的工作面磨损。

发动机的飞轮和曲轴装在一起都要进行精密的动平衡试验。当单独更换曲轴和飞轮时，必须进行动平衡试验，以防止因曲轴的不平衡而引起的振动。在发动机的修理中，不得随便更换飞轮。

当飞轮工作面的磨损或起槽不超过0.5mm时，可消除毛糙，允许继续使用；深度大于0.5mm时，应光磨修复，但飞轮厚度不得低于新飞轮的0.2mm。

齿圈与发动机齿轮因起动发生撞击，牙齿啮合不良，造成轮齿的磨损和损坏。若是单面磨损，可翻面继续使用；如果齿圈两面均匀磨损超过30%以上，应更换。齿圈与飞轮的配合有0.25~0.64mm的过盈。装配时，可将齿圈加热到300~350℃，热套在飞轮外周的凸缘上。

检查安装变速器壳的平面是否垂直于曲轴轴线，其垂直度误差不得大于0.2mm。在测量时，要使千分表头与飞轮壳的端面垂直，通过旋转曲轴来检查其垂直度误差。

复习思考题

2-1 机体组件包括哪些零件？主要维修方法有哪些？

2-2 活塞连杆组包括哪些组件？维修时主要包括哪些方面？

2-3 如何检验气缸的磨损？

2-4 如何确定气缸的修理尺寸？

2-5 如何检验和校正连杆的弯曲度和扭曲度？

2-6 简述活塞连杆组的组装工艺。

第3章 换气系统

本章主要讲述工程机械柴油机换气系统的组成和工作原理，着重介绍配气机构的功能、组成和工作原理，叙述了气门间隙的检查与调整方法和换气系统主要部件的检修方法。

3.1 换气系统的组成

换气系统根据发动机各缸的工作循环和工作顺序适时地开启和关闭进、排气门，使足量的纯净空气或空气与燃油的混合气及时地进入气缸，并及时将废气安全地排入大气。为了增加气缸的进气量，提高发动机的功率，现代工程机械发动机越来越多地采用进气增压技术，应用最多的是废气涡轮增压技术。

换气系统主要由空气滤清器、进气管系、配气机构、排气管系和消声器等组成，如图3-1所示。

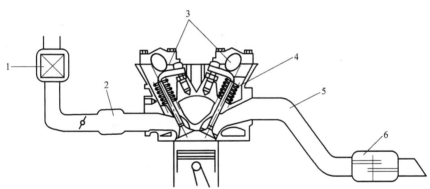

图3-1 发动机换气系统组成

1—空气滤清器 2—进气管系 3、4—配气机构 5—排气管系 6—消声器

3.1.1 空气滤清器

工程机械在运行时，周围空气中含有灰尘，而灰尘中又含有大量的砂粒。如果砂粒被吸入气缸里，就会粘附在气缸、活塞和气门座等零件的密封表面，加速它们的磨损，缩短发动机的工作寿命。因此，工程机械发动机必须加装空气滤清器，确保洁净的空气进入气缸内。

空气滤清器的功用就是把空气中的尘土分离出来，保证供给气缸足够量的清洁空气。对空气滤清器的基本要求是滤清能力强，进气阻力小，维护保养周期长，价格低廉。

试验证明，若发动机不装空气滤清器，发动机寿命将缩短2/3。常用的空气滤清器有干式纸滤芯式空气滤清器、油浴式空气滤清器、离心式及复合式空气滤清器。

1. 干式纸滤芯空气滤清器

干式纸滤芯空气滤清器具有重量轻、结构简单、过滤效率高、造价便宜以及维护方便等优点，因此被广泛用于各类发动机上，其结构如图3-2所示。在滤清器外壳2内装有纸滤芯

1，它是用经过树脂处理的微孔滤纸做成，滤芯的上、下两端有塑料密封圈密封。发动机工作时，空气由盖与外壳间的空隙进入，经纸质滤芯过滤，进入进气总管，杂质被滤芯阻留在滤芯外面。

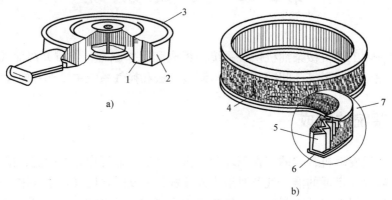

图 3-2　干式纸滤芯空气滤清器

a）滤清器总成　b）纸滤芯

1—纸滤芯　2—滤清器外壳　3—滤清器盖　4—金属网

5—打褶滤纸　6—滤芯下盖　7—滤芯上盖

干式纸滤芯空气滤清器一般使用树脂处理的纸质滤芯，其过滤的效果与筛孔大小有关：0.001mm 的筛孔可将大多数灰尘隔离，其过滤率可达 99.5% 以上。纸质滤芯的寿命取决于纸面大小及空气本身的清洁度，一般连续使用 10000 ~ 50000km 必须更换滤芯。

2. 油浴式空气滤清器

油浴式空气滤清器的优点是滤芯清洗后可以重复使用，多用于在多尘条件下工作的发动机上。图 3-3 所示为油浴式空气滤清器的结构图，它包括空气滤清器外壳、滤芯、密封圈和滤清器盖等。外壳底部是储油池，其中盛有一定数量的机油。当发动机工作时，空气经外壳与滤清器盖之间的狭缝进入滤清器，并沿着滤芯与外壳之间的环形通道线下流到滤芯底部，再折向上通过滤芯后进入进气管。当气流转弯时，空气中粗大的杂质被甩入机油中，被机油粘附，细小杂质被滤芯滤除。粘附在滤芯上的杂质被气流溅起的机油所冲洗，并随机油一起流回储油池。油浴式空气滤清器的滤芯多用金属网卷成筒形或将金属丝填塞在有孔眼的滤芯外壳中制成，空气中的杂质可被滤除95% ~ 97%。

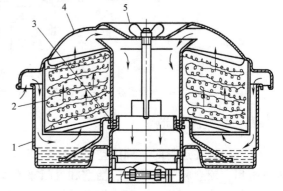

图 3-3　油浴式空气滤清器

1—滤清器外壳　2—滤芯　3—密封圈

4—滤清器盖　5—蝶形螺母

3. 离心式及复合式空气滤清器

在矿山等恶劣环境中工作的发动机上，还使用离心式与纸滤芯相结合的双级复合式空气滤清器，如图 3-4 所示。双级复合式空气滤清器的上体 7 是纸滤芯空气滤清器，下体 12 是离心式空气滤清器。空气从滤清器下体的进气口 10 首先进入旋流管 11，并在旋流管内螺旋导向面 16 的引导下产生高速旋转运动。在离心力的作用下，空气中的大部分灰尘被甩向旋流管壁并落入积灰盘 14 中，空气则从旋流管顶部进入纸滤芯空气滤清器。空气中残存的细微杂质被纸滤芯 2 滤除。

4. 空气滤清器的检修

1）检查空气滤清器的壳体、盖、密封圈有无损伤。

2）检查空气导管有无损伤。

3）检查滤芯有无阻塞、粘油或损伤。如有轻微的阻塞，可用高压气体由里向外吹去污物；必要时更换滤芯。

3.1.2　进气管系

进气管系由进气总管和进气歧管组成，如图 3-5 所示。进气管系的功用是将可燃混合气引入气缸，对多缸机还要保证各缸进气量均匀一致，要求进气阻力小，充气量要大。

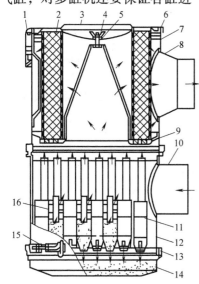

图 3-4　双级复合式空气滤清器

1—卡簧　2—纸滤芯　3—滤清器上盖　4—蝶形螺母

5—密封垫　6、9、13—密封圈　7—上体

8—出气口　10—进气口　11—旋流管　12—下体

14—积灰盘　15—卡箍　16—旋流管内螺旋导向面

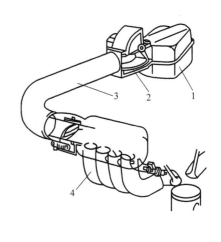

图 3-5　发动机进气管系

1—空气滤清器　2—空气流量计

3—进气总管　4—进气歧管

进气总管：空气滤清器 1 至进气歧管 4 之间的管道。为了提高发动机的充气效率，通常按有效利用进气压力波的原理设计进气管的长度、形状和结构。

进气歧管：进气总管后向各气缸分配空气的支管。对于柴油发动机，进气歧管只是将洁净的空气分配到各缸进气道，进气歧管必须将空气、燃油混合气或洁净空气尽可能均匀地分配到各个气缸，为此进气歧管内气体流道的长度应尽可能相等。为了减小气体流动阻力，提高进气能力，进气歧管的内壁应该光滑。

1. 进气管的结构及种类

进气管一般包括进气软管、进气总管和进气歧管。进气软管用于连接空气滤清器与节气门体，进气总管用于连接节气门体与进气歧管。有些发动机的进气总管与进气歧管制成一体，有些则是分开制造，再用螺栓连接。

进气歧管的功用是给各缸分配空气。进气歧管通过螺栓安装在气缸盖上，并在进气歧管与气缸盖之间装有密封垫，以防止漏气。发动机的进气歧管与排气歧管一般制成一体，称为整体式进、排气歧管（见图3-6）。

有些发动机的进气歧管与排气歧管则分开制造，称为分置式进、排气歧管。分置式进、排气歧管又分为上下分置式（见图3-7）和左右分置式（见图3-8）两种结构类型。上下分置式进气歧管与排气歧管上下安装在发动机的同一侧，左右分置式进气歧管与排气歧管分别安装在发动机左、右两侧。

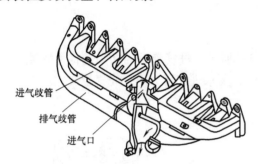

图3-6　整体式进、排气歧管

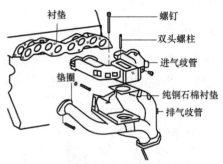

图3-7　上下分置式进、排气歧管

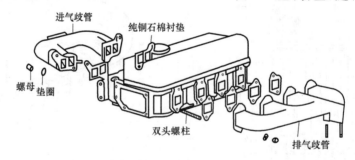

图3-8　左右分置式进、排气歧管

采用整体式进、排气歧管或上下分置式进排气歧管时，一般进气歧管被排气歧管包围，利用排气歧管的高温对进气歧管进行预热，有利于混合气的形成，但这会使进气温度提高、发动机的充气效率下降。采用左右分置式进、排气歧管，有利于提高发动机的充气效率，但对混合气形成不利。

2. 进气管系的检修

维修发动机时，仍应注意进行以下检查：

1）进气管漏气或排气管漏气，对发动机性能有很大影响。使用时要注意检查各连接部位是否连接可靠，密封垫是否完好。

2）检查进、排气歧管与气缸盖接合平面的平面度误差。如图3-9所示，

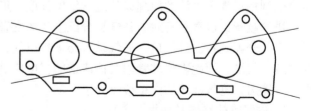

图3-9　进、排气歧管与气缸盖接合平面的检查

在相互交叉的两个方向上放置直尺，并用塞尺测量直尺与接合面间的间隙，最大间隙一般应不超过 0.1mm，否则应修磨进、排气歧管与气缸盖接合平面或更换进、排气歧管。

3.1.3　排气管系

排气管系是由排气歧管和排气总管组成，其作用是以尽可能小的阻力汇集发动机各缸的废气，使之安全地排入大气中。

发动机排气管数可分为单排气系统和双排气系统。直列式发动机通常采用单排气系统；V 型发动机有采用单排气系统，也有采用双排气系统。发动机对排气管系的要求是：排气阻力小，排气噪声小。

直列式发动机在排气行程期间，气缸中的废气经排气门进入排气支管，再由排气支管进入排气管、催化转换器和消声器，最后由排气尾管排到大气中，这种排气系统称为单排气系统，如图 3-10 所示。

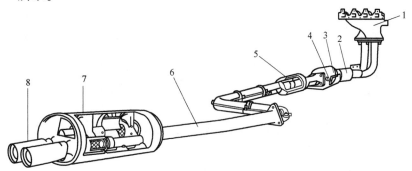

图 3-10　单排气系统的组成

1—排气支管　2—前排气管　3—催化转换器　4—排气温度传感器
5—副消声器　6—后排气管　7—主消声器　8—排气尾管

V 型发动机有两个排气支管。在大多数装配 V 型发动机的工程机械上，仍采用单排气系统，即通过一个叉形管将两个排气支管连接到一个排气管上。来自两个排气支管的废气经同一个排气管、同一个消声器和同一个排气尾管排出（见图 3-11a）。但有些 V 型发动机采两个单排气系统，即每个排气支管各自都连接一个排气管、催化转换器、消声器和排气尾管（见图 3-11b），这种布置形式称为双排气系统。

双排气系统降低了排气系统内的压力，使发动机排气更为顺畅，气缸中残余的废气较少，因而可以充入更多的空气或空气与燃油的混合气，发动机的功率和转矩都相应地有所提高。

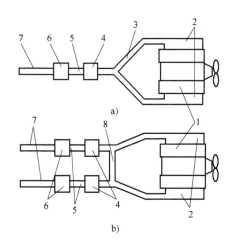

图 3-11　V 型发动机排气系统示意图

a) 单排气系统　b) 双排气系统

1—发动机　2—排气支管　3—叉形管　4—催化转换器
5—排气管　6—消声器　7—排气尾管　8—连通管

3.1.4　消声器

发动机的排气压力约为 0.3 ~ 0.5MPa，温度约 500 ~ 700℃，这表明排气有一定的能量。同时，由于排气的间歇性，在排气管内引起排气压力的脉动。如果将发动机排气直接排放到大气中，势必产生强烈的气流脉动和噪声。并且，高温气体排入大气，有时还带有未燃烧完全的火焰或火星，也会对环境造成危害。因此，必须在发动机上安装消声器，如图 3-12 所示。废气进入消声器后，膨胀冷却，不断改变流动方向，逐渐降低和衰减其压力和压力波动，消耗了能量，最终使排气噪声得到消减，消除废气中的火焰或火星，使废气安全地排入大气。

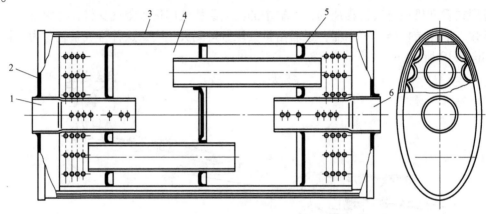

图 3-12　消声器的结构
1—进口管　2—外隔板　3—外壳　4—内壳　5—内隔板　6—出口管

消声器用镀铝钢板或不锈钢板制造，通常由共振室、膨胀室和一组多孔的管子构成。有的还在消声器内充填耐热的吸音材料，吸音材料多为玻璃纤维或石棉。排气经多孔的管子流入膨胀室和共振室。在此过程中，排气不断改变流动方向，逐渐降低、衰减其压力和压力波动，消耗其能量，最终使排气噪声得到消减。

3.2　配气机构

3.2.1　配气机构的功用

配气机构的功用是按照柴油机工作循环的需要，定时地开启或关闭进、排气门，使可燃混合气或新鲜空气及时进入燃烧室，并将燃烧后的废气及时排出气缸，控制进、排气门气流及密封气缸。

当柴油机的工作循环需要气门打开进行换气时，曲轴通过正时齿轮驱动凸轮轴旋转，凸轮凸起部分顶动挺杆、推杆、调整螺钉而使摇臂摆转，摇臂的另一端即向下推开气门，同时使弹簧进一步压缩。凸轮的凸起部分转过以后，逐渐减小了对推杆的推力，气门在弹簧张力的作用下开度逐渐减小，直至最后关闭，进气或排气过程即告结束。压缩和做功过程中，气门在弹簧张力作用下严密关闭，确保气缸密封。

3.2.2 配气机构的组成

发动机配气机构的组成根据发动机类型不同有一些区别，但基本可以分为两部分，即气门组和气门传动组。气门组用于封闭进、排气道；气门传动组按发动机的工况要求，控制气门的开闭时刻与开闭规律。图 3-13 所示为典型发动机的配气机构图，其主要结构如下。

1. 气门组

气门组主要部件包括气门 15（进气门或排气门）、气门座圈 14、气门弹簧 12、气门弹簧座 9、气门锁环 10、气门导管 13 及气门油封等。气门组件的作用是保证实现对气缸的可靠密封，因此，对气门组有如下要求：

1）气门头部与气门座贴合严密。

2）气门导管对气门杆的上下运动有良好的导向。

3）气门弹簧的两端面与气门杆轴线相互垂直，以保证气门头在气门座上不偏斜。

4）气门弹簧的弹力足以克服气门及其传动件的运动惯性力，使气门能迅速闭合，并能保证气门关闭时紧压在气门座上。

（1）气门

1）气门的工作条件与材料。气门在严重的热负荷、机械负荷以及冷却润滑困难的条件下工作。

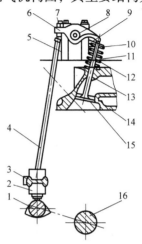

图 3-13　发动机配气机构

1—凸轮轴　2—挺柱　3—挺柱导向体　4—推杆 5—摇臂轴承座　6—摇臂　7—调整螺钉　8—摇 臂轴　9—气门弹簧座　10—气门锁环　11—气门 油封　12—气门弹簧　13—气门导管　14—气门 座圈　15—气门　16—曲轴

首先，气门直接与高温燃气接触，强烈受热，从气门传出热量的条件很差，所以温度很高。除热负荷外，气门头部还承受气压力所产生的机械负荷，并在落座时承受因惯性力而产生的相当大的冲击等。

为了保证气门的正常工作，除了在结构上采取措施外，还应当选用耐热、耐磨、耐蚀的材料。根据进、排气门工作条件的不同，进气门采用一般合金钢即可，而排气门则要求用高铬耐热合金钢制造；为了节约贵重的耐热合金钢，有时采用组合的排气门，头部用耐热合金钢、杆部用一般合金钢。由两根棒料对焊，因为杆部温度不太高，只是在润滑不良的条件下与气门导管发生摩擦，对材料的主要要求是滑动性和耐磨性。

2）气门的构造。气门由头部和杆部组成。

① 气门头部。气门头部形状有平顶、喇叭顶、球顶。平顶结构气门制造简单、受热面小、工作可靠，为大多数发动机所采用，如图 3-14 所示。也有发动机将进气门制成漏斗形，即喇叭顶，这种结构的头部与杆部过渡圆滑，可减小进气阻力，但制造困难、受热面大，故不宜用作排气门，以免过热，仅在高速强化发动机的进气门上有所应

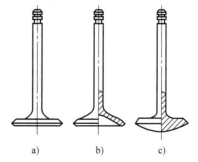

图 3-14　气门头部的结构形式

a）平顶　b）喇叭顶　c）球顶

用。

有的发动机将排气门做成球顶，以减小排气阻力和积炭，并可增加气门头部的刚度，这种结构在高速强化发动机的排气门上有所应用。

气门头部与气门座圈接触的工作面是与杆部同轴的锥面，通常将这一锥面与气门顶部平面的夹角称为气门锥角，一般做成30°或45°，如图3-15所示。气门头部的边缘应保持一定厚度，一般为1~3mm，以防止工作中由于气门与气门座之间的冲击而损坏，或被高温气体烧蚀。

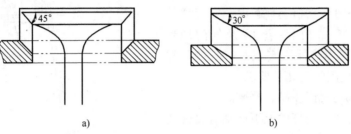

图3-15 气门锥角

为了保证良好密合，装配前应将气门头与气门座二者的密封锥面互相研磨，研磨好的零件不能互换。

进气门直径一般大于排气门直径，这是由于进气阻力对发动机动力性的影响比排气阻力大得多（尤其对汽油机而言）。在受限制的燃烧室空间（考虑到燃烧室的紧凑性、发动机的尺寸等）内布置的进、排气门，显然应当适当加大进气门，并适当减小排气门。有时为了加工简单，把进、排气门直径做成一样，在这种情况下，往往在排气门头部刻有排气标记，以防装错。

② 气门杆部。气门杆是圆柱形的，在气门导管中不断进行上、下往复运动。气门杆部应具有较高的尺寸精度和较小的表面粗糙度值，与气门导管保持正确的配合间隙，以减小磨损和起到良好的导向、散热作用。气门杆尾部结构取决于气门弹簧座的固定方式，如图3-16所示。常用的结构是用剖分或两半的锥形锁片4来固定气门弹簧座3，这时气门杆1的尾部可切出环形槽来安装锁片，也可以用锁销5来固定气门弹簧座3，对应的气门杆尾部应有一个用来安装锁销的径向孔。

（2）气门座 气门座与气门共同实现密封功能，可以直接在气缸盖（气门顶置时）或气缸体（气门侧置时）上镗出，也可以用耐热钢、球墨铸铁或合金铸铁单独制成，然后压入气缸盖或气缸体的相应孔中，后者称为镶块式气门座。镶块式气门座的优点为：可以采用比机体好的材料，既不浪费材料，又可提高使用寿命，可以更换，维修方便；

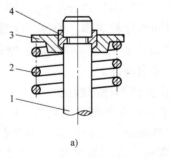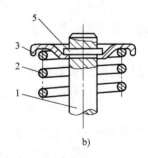

图3-16 气门弹簧座的固定方式
1—气门杆 2—气门弹簧 3—气门弹簧座 4—锥形锁片
5—锁销

其缺点是：传热较差，加工精度要求高，使成本增加。如果精度太差，不能保证一定的过盈，工作时镶块松脱，将会造成事故或因配合不良而影响传热。

在实践中，可以看到有些发动机进、排气门均镶座；有些发动机进气门不镶座，排气门镶座；有些发动机排气门不镶座，而进气门镶座；这要作具体分析。

柴油机有些是进、排气门均镶座，以提高耐磨性。有些则是进气门镶座，排气门不镶座，这是因为柴油机的排气门经常受到由于燃烧不完全而夹杂在废气中的柴油和机油等的润滑而不致强烈磨损，而进气门由于通过导管漏入的机油少，气门直径又较大，在很高的气体压力作用下挠曲变形较大，在密封锥面上发生微量的相对滑动，磨损比较严重。

由于增压柴油机完全排除了从气门导管获得机油的可能，进气门座的磨损尤显突出。因此，进气门就更需要镶座，而且往往采用30°的气门锥角，以抵消因弯曲而引起的锥面上的相对滑动。

2. 气门传动组

气门传动组主要部件包括正时齿轮（正时链轮与链条或者正时带轮与正时传动带）、凸轮轴1、挺柱2、推杆4、摇臂6及摇臂轴8等，如图3-13所示。

（1）凸轮轴的构造 凸轮轴是气门传动组的主要零件，其功用主要是利用凸轮控制气门的开启和关闭。凸轮轴的构造如图3-17所示。凸轮和轴颈是凸轮轴的基本组成部分，凸轮用来驱动气门开启，并通过其轮廓形状控制气门开启和关闭的规律，轴颈则用来支承凸轮轴。凸轮轴的前端用以安装正时齿轮（正时链轮或正时带轮）。

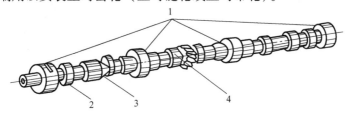

图3-17 凸轮轴的结构
1—轴颈 2—凸轮 3—偏心轮 4—螺旋齿轮

每根凸轮轴上的凸轮数量因发动机结构形式而异，如直列式六缸发动机只装有一根凸轮轴，每个凸轮只驱动一个气门，每缸采用一进、一排两个气门，所以凸轮轴上有12个凸轮。凸轮可分为两类：驱动进气门的进气凸轮和驱动排气门的排气凸轮。各缸的进气凸轮（或排气凸轮）称为同名凸轮，单个气缸的进、排气凸轮称为异名凸轮。以直列式发动机为例，从凸轮轴前端看，同名凸轮的相对角位置按各缸做功顺序逆凸轮轴转动方向排列，夹角为做功间隔角的一半，根据这一规律可按凸轮轴转动方向和同名凸轮位置判断发动机做功顺序。异名凸轮相对角位置与凸轮转动方向及发动机的配气相位有关。

凸轮的轮廓形状决定着气门的最大升程、气门开启和关闭时的运动规律及持续时间，凸轮的轮廓形状是由制造厂根据发动机工作需要设计的。

（2）正时传动装置 凸轮轴靠曲轴来驱动，传动方式有齿轮传动、链传动和带传动三种。气门的开启和关闭时刻、凸轮轴与曲轴的传动比均靠传动装置来保证。

1）正时齿轮传动。正时齿轮传动具有传动平稳、可靠、不需调整等优点，下置凸轮轴式配气机构一般都采用此种传动装置。正时齿轮分别安装在曲轴和凸轮轴的前端，用螺栓连接，齿轮与轴靠键连接。为减小传动噪声，正时齿轮一般采用斜齿轮且用不同的材料制成。通常曲轴上的小齿轮用金属材料制造，而凸轮轴上的大齿轮用非金属材料制造。凸轮轴正时齿轮的齿数为曲轴正时齿轮的两倍，以实现传动比为2:1。为保证气门的开启和关闭时刻正确，装配时，应对正两正时齿轮上的正时标记，如图3-18所示。

有的侧置凸轮轴式发动机也采用正时齿轮传动装置，由于凸轮轴离曲轴较远，中间通常加入惰轮传动。装配时，两个正时齿轮与中间惰轮之间有两个正时标记必须对正。

2）正时链传动装置。侧置凸轮轴式配气机构或顶置凸轮轴式配气机构均可采用正时链传动装置。正时链传动装置的组成如图3-19所示，主要由正时链、正时链轮及正时链张紧装置等组成。凸轮轴正时链轮的齿数为曲轴正时链轮的两倍，以实现传动比为2:1。

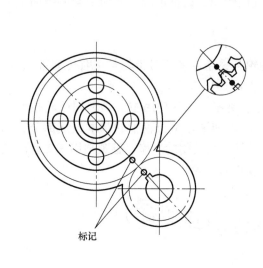

图3-18　正时齿轮传动装置及正时标记

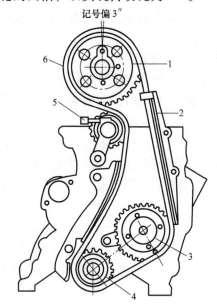

图3-19　正时链条传动装置的组成
1—凸轮轴正时链轮　2—导链板　3—机油泵链轮
4—曲轴正时链轮　5—正时链张紧装置　6—正时链

为了防止正时链抖动，正时链传动装置设有导链板和张紧装置。导链板采用橡胶导向面为链导向，一般应与链一起更换。张紧装配使正时链保持一定的紧度，可分为机械式和液压式两种，应用较多是液压式正时链张紧装置。当发动机工作时，利用润滑油压力推动液压缸活塞，使张紧链轮压紧正时链。

采用正时链传动装置的配气机构，正时标记多种多样，装配时应特别注意。常用的正时方法有：对正两链轮上的标记、在两链轮标记之间保持一定的链节数、对正链与链轮上的标记、一缸活塞处于压缩上止点时对正凸轮轴链轮与缸盖或缸体上的标记。

3）正时带传动装置。正时带传动装置主要由同步带、同步带轮和张紧轮等组成，张紧轮靠弹簧压紧同步带，张紧轮也起到对同步带轴向定位的作用。凸轮轴同步带轮的直径等于曲轴同步带轮直径的两倍，传动比为2:1。

正时带传动装置与正时链传动装置一样，正时标记多种多样，装配时必须按相关维修手册中的规定对正正时标记。装配时，应对正下列标记：凸轮轴同步带轮与气缸盖上的标记，曲轴同步带轮与气缸体前端标记。

3.2.3 配气机构的形式和分类

发动机配气机构的形式多种多样，其主要区别是气门布置与数量、凸轮轴布置形式及凸轮轴的传递方式等。按气门的布置形式，主要有气门顶置式和气门侧置式；按曲轴和凸轮轴的传动形式，可分为齿轮传动式、链条传动式和同步带传动式；按凸轮轴的布置位置，可分为凸轮轴下置式、凸轮轴中置式和凸轮轴上置式；按每个气缸气门数目，有二气门式、四气门式等。

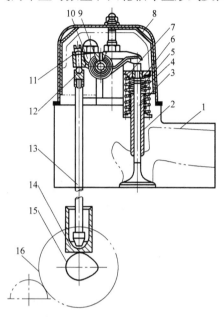

1. 按气门的布置形式分类

主要有顶置气门和侧置气门式两种，侧置气门式已经淘汰，在此不作介绍。目前，国内、外多数内燃发动机都采用顶置气门式配气机构，如图 3-20 所示。气门顶置式发动机由于具有较高的动力性，在汽油机和柴油机上得到了广泛的应用。但是，顶置气门式配气机构的气门和凸轮轴相距较远，气门的传动零件较多，结构比较复杂。

另外，也有采用进气门顶置而排气门侧置的配气机构，这种布置形式，进气门尺寸不受限制，可做得较大，进气管可以做得粗且具有较理想的形状，以降低进气阻力，因而充气效率较高；侧置排气门可以得到良好的冷却，这种配气机构结构复杂，目前仅在某些高速发动机上采用。

图 3-20 气门顶置式配气机构

1—气缸盖 2—气门导管 3—气门 4—气门
主弹簧 5—气门副弹簧 6—气门弹簧座
7—锁片 8—气门室盖 9—摇臂轴 10—摇臂
11—锁紧螺母 12—调整螺钉 13—推杆
14—挺柱 15—凸轮轴 16—正时齿轮

2. 按凸轮轴的布置形式分类

按凸轮轴布置形式的不同配气机构可以分为凸轮轴上置式、凸轮轴中置式和凸轮轴下置式三种类型，如图3-21所示。三者都可用于气门顶置式配气机构，而气门侧置式配气机构只能使用下置式凸轮轴。

（1）凸轮轴下置式配气机构 凸轮轴下置式配气机构中的凸轮轴位于曲轴箱底部靠近中部的位置，由曲轴正时齿轮驱动。这种配气机构的优点是凸轮轴离曲轴较近，可用齿轮驱动，传动简单。但存在零件较多、传动链长、系统弹性变形大以及配气相位准确性较低等缺点。

（2）凸轮轴上置式配气机构 凸

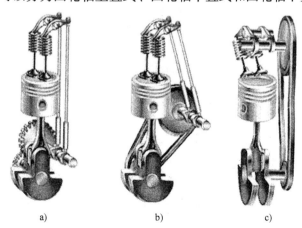

图 3-21 凸轮轴的布置形式

a）凸轮轴下置式 b）凸轮轴中置式 c）凸轮轴上置式

轮轴上置式配气机构中的凸轮轴布置在气缸盖上，凸轮轴直接通过摇臂来驱动气门。传动机构中没有挺柱、推杆，使往复运动质量大大减小，因此它适用于高速发动机。由于凸轮轴离曲轴轴线较远，因此正时传动机构相对复杂，拆装气缸盖也比较困难。

（3）凸轮轴中置式配气机构　凸轮轴中置式配气机构把凸轮轴位置移到气缸体的上部，由凸轮轴经过挺柱直接驱动摇臂，而省去推杆。当发动机转速较高时，可以减小气门传动机构的往复运动质量，从而减少惯性力。

3. 按曲轴和配气凸轮轴的传动方式分类

按曲轴和配气凸轮轴的传动方式，配气机构可以分为齿轮传动、链条传动和同步带传动三种。

（1）齿轮传动　凸轮轴下置、中置的配气机构大多采用圆柱形正时齿轮传动。一般从曲轴到凸轮轴的传动只需一对正时齿轮（见图3-22）。若齿轮直径过大，可在中间加装一个惰轮，如YC6105柴油机就用此传动形式。

（2）链传动　链条与链轮的传动特别适用于凸轮轴上置的配气机构。为使在工作时链条有一定的张力而不致脱链，通常装有导链板、张紧轮装置等。为了使链条调整方便，有的发动机使用一根链条传动，如图3-23所示。

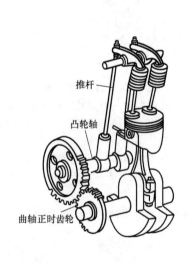

图3-22　齿轮传动

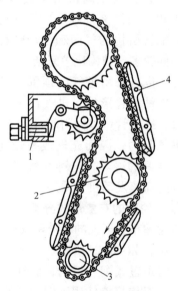

图3-23　凸轮轴的链传动装置
1—液力张紧装置　2—驱动液压泵的链轮
3—曲轴　4—导链板

（3）同步带传动　近年来，大部分高速发动机广泛采用同步带来代替传动链，以减少噪声、降低成本，如图3-24所示。这种同步带用氯丁橡胶制成，中间夹有玻璃纤维和尼龙织物，以增加强度。

4. 按气门数目及布置形式分类

根据气门数目不同，发动机配气机构可以分为两气门和多气门配气机构，如图3-25所示。一般发动机都采用每缸两气门，即一个进气门和一个排气门结构。许多中、高档新型轿车的发动机普遍采用每缸多气门结构，如三气门、四气门、五气门等。多气门结构使发动机

进排气道的断面面积大大增加，使发动机的充气效率得到大幅度提升，从而改善了发动机的
动力性能和经济性能。

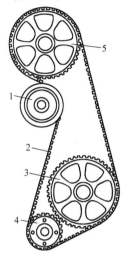

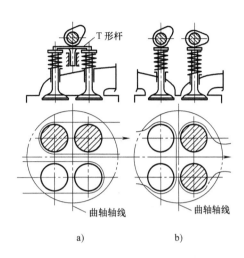

图 3-24 凸轮轴的齿形带传动装置

1—张紧轮 2—正时同步带 3—中间轴正时带轮

4—曲轴正时带轮 5—凸轮轴正时带轮

图 3-25 单缸四气门的布置示意图

a) 同名气门排成两列 b) 同名气门排成一列

3.2.4 配气机构的工作原理

配气机构的工作原理如图 3-26 所示。发动机不工作时，气门处于关闭状态（见图 3-26a）；发动机工作时，曲轴把力传到凸轮轴并通过配气机构的传动路线把力传到摇臂，推开气门并压缩气门弹簧（见图 3-26b）。凸轮凸起部分的顶点转过挺柱后，凸轮对挺柱的推力减小，气门在气门弹簧力的作用下逐渐关闭，凸轮凸起部分离开挺柱时，气门完全关闭，换气过程结束（见图3-26c），发动机进入压缩和做功行程。

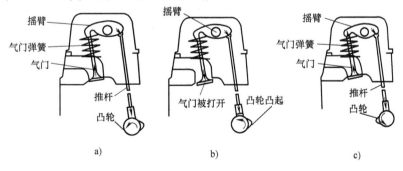

图 3-26 配气机构的工作原理

由上述过程可知：气门传动组的运动把力传到气门使气门开启，气门弹簧释放张力关闭气门；凸轮轴的轮廓曲线决定了气门开闭的时间和规律；每次打开气门时摇臂会紧压气门弹簧，使弹簧积蓄能量，在凸轮凸起部离开气门时能够可靠地关闭进、排气门，保证发动机能够正常工作；同时，对于四冲程发动机来说，每完成一个工作循环，曲轴旋转两周，各缸进、排气各进行一次，凸轮轴旋转一周，所以曲轴与凸轮轴转速的传动比为 2:1。

3.2.5 配气相位

配气相位是用曲轴转角表示的进、排气门的开启时刻和开启延续时间，通常用环形图表示配气相位图，如图 3-27 所示。

理论上，四冲程发动机的进气门在曲拐位于上止点时开启，下止点时关闭；排气门则在曲拐位于下止点时开启，上止点时关闭。为了改善换气过程，提高发动机性能，故发动机气门实际开闭时刻不是恰好在上、下止点，而是提前开启、滞后关闭一定的曲轴转角。也就是说，气门开启过程中曲轴转角都大于 180°。

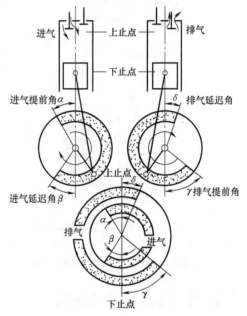

图 3-27 配气相位图

1. 进气提前角

在排气行程接近终了、活塞到达上止点之前，进气门便开始开启。从进气门开始开启到活塞移到上止点所对应的曲轴转角 α 称为进气提前角。进气门提前开启是为了保证进气行程开始时进气门已开大，减小进气阻力，新鲜气体能顺利地进入气缸。

2. 进气延迟角

在进气行程中活塞到达下止点过后，活塞又上行一段，进气门才关闭。从下止点到进气门关闭所对应的曲轴转角 β 称为进气延迟角。进气门滞后关闭的目的：活塞到达下止点时，气缸内压力仍低于大气压力，且气流还有相当大的惯性，这时气流不但没有终止向气缸流动，甚至可能流速还比较高，仍可以利用气流惯性和压力差继续进气。

由此可见，进气门开启持续时间内的曲轴转角，即进气持续角为 $\alpha + 180° + \beta$。α 一般为 10°~30°，β 一般为 40°~80°。

3. 排气提前角

在做功行程接近终了，活塞到达下止点之前，排气门便开始开启。从排气门开始开启到下止点所对应的曲轴转角 γ 称为排气提前角。排气门提前开启的目的：当做功行程活塞接近下止点时，气缸内的气体大约还有 0.30~0.50MPa 的压力，此压力对做功的作用已经不大，但仍比大气压力高。可利用此压力使气缸内的废气迅速地自由膨胀排出，待活塞到达下止点时，气缸内只剩约 0.11~0.12MPa 的压力，使排气行程所消耗的功率大为减小。

此外，高温废气迅速排出，还可以防止发动机过热。

4. 排气延迟角

活塞越过上止点后，排气门才关闭，从上止点到排气门关闭所对应的曲轴转角 δ 称为排气延迟角。排气门滞后关闭的目的：活塞到达上止点时，气缸内的残余废气压力仍高于大气压力，加之排气时气流有一定的惯性，仍可以利用气流惯性和压力差把废气排放得更干净。

由此可见，排气门开启持续时间内的曲轴转角，即排气持续角为 $\gamma + 180° + \delta$。γ 一般为 40°~80°，δ 角一般为 10°~30°。

5. 气门重叠

由于进气门在上止点前开启，而排气门在上止点后才关闭。这就出现了一段时间内进、排气门同时开启的现象，这种现象称为气门重叠。同时开启的曲轴转角 $\alpha + \delta$ 称为气门重叠角。由于新鲜气流和废气流的流动惯性都比较大，在短时间内是不会改变流向的。因此，只要气门重叠角选择适当，就不会有废气倒流入进气管和新鲜气体随同废气排出的可能性。相反，由于废气气流周围有一定的真空度，对排气速度有一定影响，从进气门进入的少量新鲜气体可对此真空度加以填补，还有助于废气的排出。

不同发动机，由于其结构形式、转速各不相同，因而配气相位也不相同。合理的配气相位应根据发动机性能要求，通过反复试验确定。

3.3 换气系统的维修

换气系统维修的主要项目包括：气门间隙的检查和调整，配气机构的检修。

3.3.1 气门间隙的检查和调整

1. 气门间隙

发动机工作时，气门因温度升高而膨胀。如果气门与其传动件之间在冷态时无间隙或间隙过小，则在热态下，气门及其传动件因受热膨胀势必引起气门关闭不严，造成发动机在压缩和做功行程中漏气，而使功率下降，严重时甚至不易起动。为了消除这种现象，通常在发动机冷态装配时，在气门杆末端与气门驱动零件（摇臂、挺柱或凸轮）之间留有适当的间隙，以补偿气门受热后的膨胀量，这个间隙称为气门间隙，如图 3-28 所示。进气门间隙约为 0.25 ~ 0.3mm，排气门间隙约为 0.3 ~ 0.35mm。

2. 气门间隙的调整

气门间隙通常会因配气机构零件的磨损、变形而发生变化。

气门间隙有冷态和热态之分。修理装配过程中的气门间隙调整是冷态间隙调整，热态间隙是在发动机运转，温度上升至正常工作温度后进行调整的。气门间隙的检查和调整应在气门完全关闭，而且气门挺柱落在最低位置时进行。因此，在发动机的使用和维护过程中，应按原厂规定的气门间隙进行检查和调整，表 3-1 所示为几种常见车型发动机的冷态气门间隙。

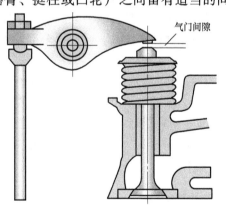

图 3-28 气门间隙示意图

表 3-1 几种常见车型发动机的冷态气门间隙

发动机型号	冷机时气门间隙/mm	
	进气门	排气门
CA6102 发动机	0.20 ~ 0.25	0.20 ~ 0.25
S6D110 柴油机	0.30	0.35
WD615 柴油机	0.30	0.40

间隙过大，进、排气门开启延迟，会使气门升程不足，缩短了进、排气时间，降低了气门的开启高度，改变了正常的配气相位，引起进气不充分，排气不彻底，并出现异响，功率下降。此外，还使配气机构零件的撞击增加，磨损加快。间隙过小，发动机工作后，零件受热膨胀，将气门推开，使气门关闭不严，易使气门与气门座的工作面烧蚀，造成漏气，功率下降，并使气门的密封表面严重积炭或烧坏，甚至气门撞击活塞。

气门间隙通常有如下两种调整方法：

（1）逐缸调整法　逐缸调整法就是一个缸一个缸地调整。根据气缸点火次序，逐缸地在压缩行程终了时调整这一气缸的进、排气门。凸轮轴各道凸轮磨损不均的发动机，宜采用此法。调整程序如下：

1）将第一缸活塞摇至压缩行程上止点（看配气正时记号），此时第一缸进、排气门同时完全关闭，可同时调整。调整时旋松锁止螺母，用厚度符合规定间隙的塞尺插入气门间隙位置，旋转调整螺栓（螺母），同时来回拉动塞尺，以感到有轻微阻力为合适，然后将锁止螺母可靠地紧固。

2）第一缸调整好后，顺时针方向转动曲轴 $720°/i$，（ i 为四冲程发动机的气缸数），如四缸发动机应顺时针方向摇转曲轴 $720°/4 = 180°$。按发动机点火顺序（做功顺序）调整下一个气缸的进、排气门。依次类推，直至逐缸调整完毕。

3）进行复查，如气门间隙有变化，还须重新调整。

（2）两次调整法　两次调整法又称"双排不进"调整法，它是根据发动机的工作循环、点火顺序、曲轴配气相位角和气门实际开闭角度推算的。在第一缸或第四缸压缩终了时，除调整本气缸的两个气门外，还可以调整其他气缸完全关闭的气门。曲轴再旋转大约一圈后，可以将上次未调整的气门间隙全部调整好。

只需摇两次曲轴，就可以全部调整完。具体步骤如下：

1）四缸发动机。例如，发动机气缸工作次序为 1—3—4—2，当第一缸活塞处于压缩上止点时：1（双）—3（排）—4（不）—2（进），即第一缸可调进、排气门，第三缸可调排气门，第四缸不可调，第二缸可调进气门。

2）当第四缸活塞处于压缩上止点时，调整第一次不可调的气缸气门，两次正好调完所有气门间隙。

3.3.2　配气机构的检修

配气机构的各组成件，有些受到高温气体的冲击或冲击负荷，有些受润滑不良的影响。长期使用后，这些运动机件将会发生磨损、烧蚀或变形，其技术性能和配合关系将被破坏，从而导致故障的产生和机件的损坏。

1. 气门的检修

气门的常见损耗包括气门杆部的磨损，气门工作面磨损与烧蚀，以及气门杆的弯曲变形等。

（1）气门杆部的检修　气门杆部是气门的导向部分，杆部与导管的配合间隙很小。

气门杆的磨损量大于 0.10mm 或出现明显的台阶形磨损时，应予以更换。气门杆的直线度误差大于 0.05mm 时，应予以更换或校直，校直后的直线度误差不得大于 0.02mm。气门杆的直线度误差检测如图 3-29 所示：用百分表检查气门杆中部，检查时将百分表测头与气门杆接触，将气门杆转动一周，百分表指针摆差的一半即为气门杆的直线度误差。

（2）气门头部的检修 气门工作面磨损会导致气门漏气，并改变气门间隙。检验时，应查看气门工作表面是否有疲劳脱落、引起点蚀、较大的斑痕、烧伤及偏磨等缺陷，若有应予以更换。如果气门接触面宽度超过规定，应磨光或更换。

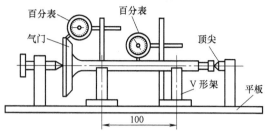

图 3-29 气门杆直线度误差的检测

为了保证工作要求，气门与气门座的配合面需要进行研磨，使气门与气门座的工作结合面具有良好的密封性。气门研磨可分为手工研磨和机动研磨。

1）手工研磨。清洗气门、气门导管与气门座，将气门按序放置，以免错乱。气门与气门座的手工研磨有用橡胶捻子和用螺钉旋具两种方法，如图 3-30 所示。用橡胶捻子研磨时，

在气门大端平面上涂一薄层机油，以便橡胶碗能吸起气门；用螺钉旋具研磨时，应在气门与气门导管座孔间套入一个软弹簧，软弹簧的作用是能将气门推离一段距离。研磨时，首先在气门座或气门工作锥面上涂一层粗研磨膏，将气门插入气门导管内，用橡胶捻子或螺钉旋具带动气门正反旋转，并与气门座不断拍击。接触时，两者有相对转动；在相对转动中，两者又有一定接触压力。在气门正反转时，其正向转动的角度一定要大于反向转动的角度，这样

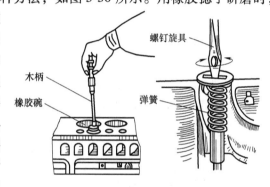

图 3-30 手工研磨气门

使得气门在正反转动中间歇地向一个方向不断转动，直至在气门锥面上出现一条完整、边界清晰的接触环带。其次用细研磨膏继续研磨，使接触环带呈现均匀的瓦灰色。最后滴上机油继续研磨数分钟。研磨后的接触环带宽度应符合原厂规定：一般进气门为 1.0～2.0mm，排气门为 1.5～2.5mm。

全部气门研磨后，用煤油冲洗气门、气门导管和气门座，并擦拭干净。

2）机器研磨。将气缸盖清洗干净，置于气门研磨机工作台上，在已配好的气门工作面上涂一层研磨膏，将气门杆部涂以润滑油装入导管内，调整各转轴，对正气门座孔，连接好研磨装置，调整气门升程，进行研磨，一般研磨 10～12min 即可。研磨后，将气门和气门座清洗干净，研磨后的工作面应成为一条平滑、光泽的圆环，不允许有中断和可见的凹槽。

3）气门与气门座的密封性试验。气门与气门座的密封性试验方法主要有铅笔画线法和煤油试验法。

铅笔画线法如图 3-31a 所示，在研磨后的气门锥面上，用 6B 软铅笔在沿锥面素线每隔 4～5mm 等分画铅笔线。然后使其气门座接触，略施压并转动气门 45°～90°，取出观察铅笔线痕迹

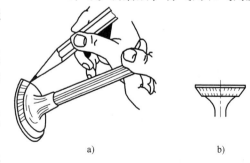

a)　　　　　　b)

图 3-31 铅笔画线法

应被接触环带全部切断，如图 3-31b 所示。

煤油试验法将组装好气门组的气缸盖侧置，在气门内倒入煤油至接触环带上缘，在 5min 内其封面上不得有渗漏现象发生。

2. 气门座圈的维修

进、排气道口与气门密封锥面直接贴合部位称为气门座。气门座与气门头部一起对气缸起密封作用，同时接受气门头部传输的热量，起到对气门散热的作用。

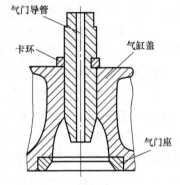

图 3-32　气门导管与气门座

气门座的形式有两种：一是直接在气缸盖上镗出；二是单独制成气门座圈，镶嵌在气缸盖上，如图 3-32 所示。直接镗在气缸盖上的气门座散热效果好，使用中不存在脱落造成事故的可能性；但存在不耐高温、不耐磨损，不便于修理更换等缺点。气门座圈用耐热合金钢或耐热合金铸铁制成，镶嵌在气缸盖上。它不但耐高温、耐磨损和耐冲击，使用寿命长，而且易于更换。缺点是导热性差，要求加工精度高，如果与缸盖上的座孔公差配合选择不当，还可能发生脱落而造成事故。

气门座的锥角由三部分组成，其中 45°（或 30°）的锥面与气门密封锥面贴合，如图 3-33 所示。为保证有一定的贴合压力，使密封可靠，同时又有一定的散热面积，要求结合面的宽度 a 为 1～3mm；15°和 75°锥角是用来修正工作锥面的宽度和上、下位置的，以使其达到规定的要求。在安装气门前，还应采用与气门配对研磨的方法，以保证贴合得更紧密、可靠。有些发动机的气门锥角比气门座锥角小 0.5°～1°，该角称为密封干涉角。这样做有利于走合期的磨合。走合期结束，干涉角逐渐消失，恢复全锥面接触。

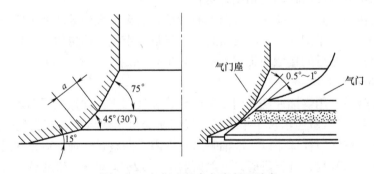

图 3-33　气门座锥角与密封干涉角

3. 气门座的修理

气门座的磨损主要是磨料磨损和由于冲击负荷造成的硬化层疲劳脱落，以及排气门座受高温燃烧气体的腐蚀和烧蚀。气门座磨损后，气门锥面的接触面宽度进气门大于 2.50mm、排气门大于 3.0mm 时，应使用气门座圈铰刀或气门座圈光磨机进行铰削或磨削修复。

（1）气门座的更换　气门座圈长期使用经多次铰磨后，其工作锥面下陷，若出现断裂、松动、严重烧蚀等应更换。气门座圈更换的方法与步骤如下：

1）拆下旧气门座圈。拆卸的方法可使用铰刀削薄气门座圈或在气门座圈的内侧点焊几个焊点，敲击焊点使其拆下。

2）使用气门座圈铰刀或在镗床上修整气门座圈安装孔。气门座圈的外径与安装孔为过盈配合，其过盈量为 0.075 ~ 0.120mm。加工后的气门座圈安装孔底平面距气缸盖下平面的高度：进气门不得大于 15.895mm，排气门不得大于 16.157mm。

3）因为气门座热负荷大，温差变化大，又受气门落座时的冲击，为了保证散热和防止脱落，气门座与座孔之间应有较高的加工精度，较小的表面粗糙度值和较大的配合过盈量，因而压入时应将气门座冷缩或将气门座孔部位加热。镶装后的气门座圈周围必须严密、牢固可靠。也有的气门座在压入后，再用点冲法将座孔周围冲压使其内收少许，或用点焊法，使座固定得更为可靠。

（2）气门座的铰削　气门座的铰削，通常用气门座铰刀。铰削时，将铰刀插入气门导管内，用导管定中心，以保证铰出的气门座中心线与气门导管的中心线重合。

铰削工艺过程如下：

1）选择铰刀、固定导杆。根据气门直径选用合适的气门座铰刀；根据气门导管的内径，选择相适应的铰刀导杆，并插入气门导管内，使它与导管内孔密切接触不活动，保证铰削的气门座与气门导管中心线重合。

2）砂磨硬化层。由于气门座长期与高温气体接触，会出现硬化层，在铰削时铰刀易打滑，可用粗砂布垫在铰刀下面先进行砂磨，然后再进行铰削。

3）粗铰。把装有 45°铰刀的导杆插入导管内，用两手握住铰刀把，顺时针转动铰刀进行铰削。导杆应正直，用力要均匀、平稳，直到将烧蚀、斑点等缺陷铰去为止。

4）试配和修整工作面粗铰以后，用合格的气门进行试配。当工作面宽偏上时，用 15°铰刀铰削上斜面，缩小和改变上接触面；当工作面宽偏下时，用 75°铰刀铰削下斜面，缩小和改变下接触面。为了延长气门座与气门的使用寿命，当接触面距气门下边缘 1mm 时，即可停止铰配。

5）精铰。用 45°细刃铰刀或在铰刀下面垫上细砂布再次修铰（磨）气门座工作面，以改善接触面的表面质量。气门座工作面铰削方法如图 3-34 所示。

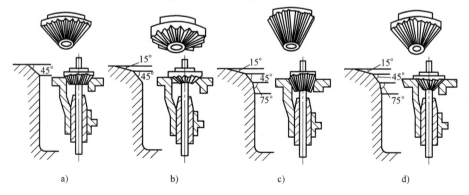

图 3-34　气门座的铰削方法

气门座除了用铰刀铰削外，也可用气门座光磨机进行磨削，用光磨机修磨气门座速度快，质量高，特别适用于修磨硬度高的气门座。其基本原理与铰刀铰削相同。气门座的磨削是用砂轮代替了铰刀，用手电钻或电动机作动力代替了手工铰削，也可用压缩空气为动力的风动砂轮修磨气门座。气门座磨削加工后，应检测气门工作面与导管孔的同轴度误差，其误差不应超过0.05mm。

4. 凸轮轴的检修

（1）凸轮轴轴向间隙的检查与调整　轴向间隙的检查如图3-35所示，用百分表测头抵在凸轮轴端，前后撬动凸轮轴，百分表指针的摆动量即为凸轮轴轴向间隙。此外，也可以用塞尺来检测凸轮轴的轴向间隙，间隙值可查阅使用说明书。

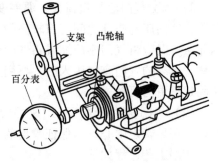

图3-35　凸轮轴轴向间隙的检查

轴向间隙的调整有两种方法：一种是用增减固定在气缸体的前端面上位于凸轮轴第一道轴颈端面与正时齿轮（或链轮）之间的止推凸缘的厚度来调整。轴向间隙过大，易引起凸轮与挺杆底部的异常磨损，应更换加厚的止推凸缘。安装时，止推凸缘有止推凸台的一侧应面向正时齿轮（链轮）。另一种调整方法是由轴承定位，轴向间隙大于使用限度时，应更换台肩的凸轮轴轴承。

（2）凸轮轴弯曲与凸轮高度检查　检查凸轮轴径向摆差时，将凸轮轴颈架在V形铁上，用百分表测量径向摆差，即径向圆跳动，如图3-36所示。凸轮轴径向圆跳动公差为0.025mm，如果摆差超过使用限度，应校正或更换。检查凸轮的高度通常使用千分尺，如图3-37所示，如果凸轮超过使用限度0.2mm或凸轮损伤过重，应更换凸轮轴；轻微的伤痕，可用油石修磨。

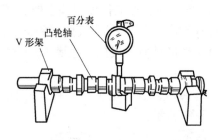

图3-36　凸轮轴弯曲检查

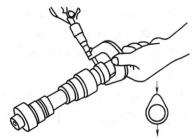

图3-37　凸轮高度检查

（3）凸轮轴轴颈及轴承磨损的检查与修理　凸轮轴轴颈及轴承的磨损情况可通过测量其配合间隙来检查，凸轮轴轴承间隙的检查可参照曲轴轴承间隙的检查方法。凸轮轴轴承间隙一般为0.02～0.10mm，允许极限一般为0.01～0.02mm。有些发动机的凸轮轴轴颈允许修磨，当凸轮轴轴承间隙超过允许极限时，可磨削凸轮轴轴颈，并选配同级修理尺寸的凸轮轴轴承。多数发动机凸轮轴轴颈和轴承无修理尺寸，当轴承间隙超过其允许极限时，必须更换凸轮轴或凸轮轴轴承，必要时两者一起更换。对无凸轮轴轴承的，若凸轮轴座孔磨损严重，一般要更换气缸体或气缸盖。

另外，还要对螺旋齿轮和偏心轮的磨损情况进行检查，如磨损过甚，应更换凸轮轴。

5. 正时传动装置的维修

凸轮轴靠曲轴来驱动，传动方式有齿轮传动、链传动和同步带传动三种。气门的开启和关闭时刻、凸轮轴与曲轴的传动比均靠传动装置来保证。

（1）正时齿轮传动装置的检修　为保证气门的开启和关闭时刻正确，装配时，必须对正两正时齿轮上的正时标记，如图 3-18 所示。有些柴油发动机，由于凸轮轴离曲轴较远，中间通常加入惰轮。装配时，两个正时齿轮与中间惰轮之间的两个正时标记必须对正。

在维修时，应检查正时齿轮有无裂损及磨损情况。磨损情况可用塞尺或百分表测量其齿隙，如图 3-38 所示。正时齿轮若有裂损或齿隙超过 0.30mm，通常情况下，应成对更换正时齿轮。

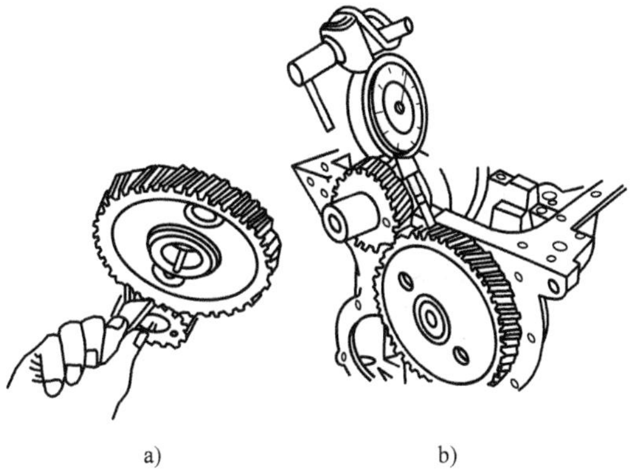

（2）正时链传动装置的检修　安装正时链条时，必须按要求对准链轮标记，才能保证气门开、闭定时的正确关系。在发动机工作中，正时链传动机构会因正时链轮或链条的磨损造成节距变长，噪声增大，严重时使配气正时失准，因此，在维修时应认真检查。

图 3-38　正时齿轮磨损的检查

a）用塞尺检查　b）用百分表检查

1）正时链轮的检查：测量最小的链轮直径。将链条分别包住凸轮轴正时链轮，用游标卡尺测量其直径，如图 3-39 所示，其直径不得小于允许值。若不符合规定，应更换链条和链轮。

2）正时链条的检查。选择三个或更多的位置，对链条施以一定的拉力，拉紧后测量其长度。如图 3-40 所示，测量时的拉力可定为 50N。如长度超过规定值时，应更换新链条。

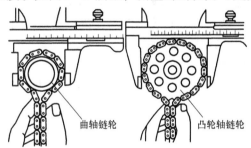

图 3-39　正时链轮磨损的检查

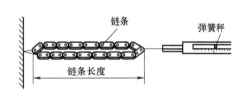

图 3-40　链条长度的测量

3）链条张紧器的检查。用游标卡尺测量链条张紧器的厚度。最小厚度小于要求尺寸的应予以更换。

（3）正时同步带传动装置的检修　正时同步带传动装置主要由同步带、同步带轮和张紧轮等组成，安装正时同步带时，必须按要求对准链轮标记，才能保证气门开、闭定时的正确关系。

正时同步带的使用寿命一般为 80000km，应根据同步带的磨损情况及时更换。

装配时，要将标记和气缸体上正时同步带轮室上的标记对齐，以保证配气相位的正确性，如图 3-41 所示。先把同步带套在曲轴和中间轴正时齿轮上，装上带轮，使凸轮轴正时同步带轮上的标记"o"与左侧（向前看）气门室盖平面对齐，使 V 带上的上止点记号和中间轴同步带轮上的记号对齐，然后将同步带也套在凸轮轴正时带轮上；顺时针转动张紧轮，以张紧同步带，用手指捏在同步带中间刚好可翻转 90°为止，如图 3-42 所示。用 45N·m 的转矩紧固张紧轮固定螺母，然后转动曲轴两圈，检查调整是否正确。最后装上正时齿带轮护罩。

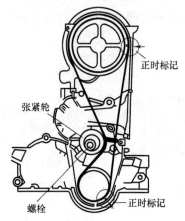

图 3-41　正时同步带传动装置的标记

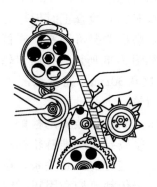

图 3-42　张紧同步带

6. 摇臂与摇臂组的检修

摇臂总成分解时，应注意各摇臂的序号、安装方向及位置，以免安装时位置装错。对摇臂总成零件进行清洗时，应注意将摇臂轴内部清理干净，并保证各油孔通畅。摇臂总成分解后，主要进行以下检查：

1）摇臂头部应光洁无损。如磨损超过规定则应修理，其修理方法为堆焊修磨。

2）摇臂与摇臂轴的配合间隙如超过规定，应更换衬套，并按轴的尺寸进行铰削或镗削修理。镶套时，要使衬套油孔和摇臂上的油孔重合，以免影响润滑。

3）摇臂上调整螺钉的螺纹孔损坏时，一般应更换。

4）摇臂轴轴颈的磨损大于 0.02mm，或摇臂轴与摇臂轴承孔的配合间隙超过规定值，应更换；摇臂轴弯曲变形，应冷压校直。

复习思考题

3-1　配气机构的作用是什么？主要由哪些部件组成？

3-2　配气机构的布置形式有哪些？

3-3　气门间隙过大和过小对发动机工作性能有哪些影响？

3-4　气门间隙的调整方法有哪些？各是如何调整的？

3-5　配气机构的检修内容包括哪些？

第4章　汽油机燃油供给系统

本章主要介绍汽油机燃油供给系统的作用和种类，简要介绍化油器式汽油机燃油供给系统的构造和维修方法，着重讲解电控汽油喷射系统的构造与维修要求。

4.1　概述

4.1.1　混合气的基本概念

发动机工作时，燃料进入气缸燃烧之前，都要经过雾化和蒸发，并与空气混合。燃料与空气的混合物称为混合气，混合气中含燃料量的多少称为混合气浓度。混合气的浓度通常用过量空气系数或空燃比来表示。

1. 过量空气系数

过量空气系数是指在燃烧过程中，实际供给的空气质量与理论上完全燃烧时所需的空气质量之比，一般用 α 表示，即

$$\alpha = \frac{燃烧过程中实际供给空气质量}{理论完全燃烧时所需的空气质量}$$

由上面的定义式可知：无论使用何种燃料，$\alpha = 1$ 时的混合气即为理论混合气（又称为标准混合气），$\alpha < 1$ 时的混合气为浓混合气，$\alpha > 1$ 时的混合气则为稀混合气。

2. 空燃比

空燃比是指混合气中的空气质量与燃料质量之比。1kg 汽油理论上完全燃烧时所需的空气为 14.7kg，所以汽油机所用混合气空燃比为 14.7:1 时，即为 $\alpha = 1$ 时的理论混合气；空燃比越大，混合气越稀；空燃比越小，则混合气越浓。

4.1.2　汽油机燃油供给系统的作用

汽油机燃油供给系统的作用是根据发动机各种不同工作情况的要求，配制出一定数量和浓度的混合气，供往气缸，并在做功行程完成后，将气缸内的废气排出，使发动机在各种工况下都能够连续、稳定地运转。

发动机的工况通常用发动机的转速和负荷来表示。发动机的负荷是指发动机的外部载荷，发动机输出的动力随外部载荷的变化而变化，同时发动机输出的动力又取决于节气门的开度，所以发动机负荷的大小可以用节气门的开度来衡量。负荷的大小一般用百分数来表示，如节气门全关，负荷为 0；节气门全开，负荷为 100%。工程机械发动机工况经常变化，而且变化范围大，负荷可以从 0 变化到 100%，转速可以从最低稳定转速变到最高转速。不同工况对混合气的数量和浓度都有不同要求，具体要求如下：

（1）稳定工况

1）急速工况。急速是指发动机在对外无功率输出的情况下以最低转速运转，此时混合

气燃烧后所做的功，只用以克服发动机的内部阻力，使发动机保持以最低转速稳定运转。汽油机怠速运转一般为 600 ~ 900r/min，转速很低，空气流速也低，使得汽油与空气的混合也很不均匀。另一方面，节气门开度很小，吸入气缸内的可燃混合气量很少，同时又受到气缸内残余废气的冲淡作用，使混合气的燃烧速度很慢，因而发动机动力不足。因此要求提供较浓的混合气（$\alpha = 0.6 \sim 0.8$）。

2）小负荷工况。要求供给较浓混合气（$\alpha = 0.7 \sim 0.9$），供应的混合气数量少。因为小负荷时，节气门开度较小，进入气缸内的可燃混合气量较少，而上一循环残留在气缸中的废气在缸内气体中占的比例相对较多，不利于燃烧，因此必须供给较浓的可燃混合气。

3）中负荷工况。要求经济性为主，过量空气系数 $\alpha = 0.9 \sim 1.1$，供应的混合气数量多。发动机大部分工作时间处于中负荷工况，所以经济性要求为主。中负荷时，节气门开度中等，故应供给接近于相应耗油率最小的 α 值的混合气，主要是 $\alpha > 1$ 的稀混合气，功率损失不多，节油效果却很显著。

4）全负荷工况。发动机发出最大功率，$\alpha = 0.85 \sim 0.95$，供应的混合气数量多。工程机械需要克服很大阻力（如上陡坡或在艰难路上行驶）时，驾驶员往往需要将加速踏板踩到底，使节气门全开，发动机在全负荷下工作，显然要求发动机能发出尽可能大的功率，即尽量发挥其动力性，而经济性要求居次要地位。

（2）过渡工况

1）起动工况。要求供给极浓的混合气（$\alpha = 0.2 \sim 0.6$），供应的混合气数量少。因为发动机起动时处于冷车状态，混合气得不到足够的预热，汽油蒸发困难；同时，由于发动机曲轴被带动的转速低，因而被吸入的空气流速较低，汽油不能受到强烈气流的冲击而雾化，混合气中的油粒会因为与冷金属接触而凝结在进气管壁上，不能随气流进入气缸。因此，气缸内的混合气过稀，无法引燃，故要求供给极浓的混合气进行补偿，从而使进入气缸的混合气有足够的汽油蒸汽，以保证发动机得以起动。

2）加速工况。发动机的加速是指负荷突然迅速增加的过程，要求混合气数量要突增，并保证浓度不下降。当驾驶员猛踩踏板时，节气门开度突然加大，以期发动机功率迅速增大。在这种情况下，空气流量和流速以及喉管真空度均随之增大。汽油供油量，也有所增大。但由于汽油的惯性大于空气的惯性，汽油来不及足够地从喷口喷出，所以瞬时汽油流量的增加比空气的增加要小得多，致使混合气过稀。另外，在节气门急开时，进气管内压力骤然升高，同时由于冷空气来不及预热，使进气管内温度降低。不利于汽油的蒸发，致使汽油的蒸发量减少，造成混合气过稀。结果就会导致发动机不能实现立即加速，甚至有时还会发生熄火现象。

为了改善这种情况，应该采取强制方法，多供油，额外增加供油量，及时使混合气加浓到足够的程度。

综上所述，汽油机在正常运转时，在小负荷和中等负荷工况下，要求燃油供给系统能随着负荷的增加，供给由浓逐渐变稀的混合气；当进入大负荷直到全负荷工况下，要求混合气由稀变浓，最后加浓到保证发动机发出最大功率。

4.1.3 汽油机燃油供给系统的类型

汽油机所用的燃料是汽油，在进入气缸之前，汽油和空气已形成可燃混合气。可燃混合气进入气缸内被压缩，在接近压缩终了时点火燃烧而膨胀做功。可见，汽油机进入气缸的是可燃混合气，压缩的也是可燃混合气，燃烧做功后将废气排出。

因此汽油机燃油供给系的任务是根据发动机的不同工况要求，配制出一定数量和浓度的可燃混合气供给气缸，最后还要把燃烧后的废气排出气缸。所以它包括四个部分：燃油供给装置、空气供给装置、可燃混合气形成装置和废气排出装置。

汽油机的燃油供给系统可分为化油器式和电控燃油喷射式两种。两者的区别主要是：在化油器式燃油供给系统中，汽油在气缸吸气的作用下，由化油器中喷出与空气混合而开始雾化，经进气管进一步蒸发而形成可燃混合气，进入各个气缸；电控燃油喷射式燃油供给系统是用喷油器将一定数量和压力的汽油直接喷射到进气歧管中（或直接喷入气缸），与进入的空气混合而形成可燃混合气。化油器的结构简单、价格便宜，使用的历史久远，但由于化油器供油方式对温度和环境变化比较敏感，不能满足日益严格的排放法规要求，所以化油器式燃油供给系统已逐渐被电控燃油喷射系统取代。

4.2　汽油机燃油供给系统的构造与维修

4.2.1　化油器式燃油供给系统简介

汽油机燃油供给系统将空气与雾化后的汽油充分混合后，形成可燃混合气，提供给发动机并对可燃混合气的供给量及浓度进行有效地控制，使发动机在各种工况下都能连续、稳定地运转。化油器式汽油机汽油供给系统的组成如图 4-1 所示，它包括下列装置：

1）汽油供给装置，包括汽油箱、汽油滤清器、汽油泵和油管，用以完成汽油的储存、输送及滤清任务。

2）空气供给装置，主要指空气滤清器。

3）可燃混合气形成装置，主要指化油器。

4）可燃混合气供给和废气排出装置，包括进气管、排气管和排气消声器。

汽油自汽油箱流经汽油滤清器，排出杂质后，被吸入汽油泵。汽油泵将汽油泵入化油器中，空气则经空气滤清器后流入化油器。汽油在化油器中实现雾化和蒸发，并与空气混合形

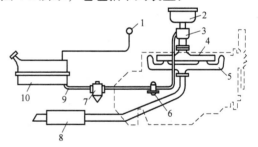

图 4-1　汽油机燃油供给系统示意图
1—油面指示表　2—空气滤清器　3—化油器
4—进气管　5—排气管　6—汽油泵　7—汽油滤清器　8—排气消声器　9—汽油管　10—汽油箱

成可燃混合气，经进气管分配到各气缸；燃烧后生成的废气经排气管与排气消声器排到大气中。为检查汽油量，汽油箱内还装有油面指示表。

4.2.2　电控汽油喷射系统的构造与维修

电控汽油喷射是汽油机混合气形成的另一种有效方法，它是以电控单元 ECU（Electronic Control Unit）为控制核心，利用安装在发动机不同部位上的各种传感器，测量出发动机的各种工作参数，通过喷油器精确地控制喷油量，使发动机在任何工况下都能获得最佳浓度的可燃混合气，以达到排放控制和节能的要求。

目前，发动机上广泛应用的是集中控制系统，应用在发动机上的子控制系统主要包括电控燃油喷射系统、汽油机电控点火系统和其他辅助控制系统。

在汽油机电控燃油喷射（EFI）系统中，喷油量控制是最基本的也是最重要的控制内容，电控单元（ECU）主要根据进气量确定基本的喷油量，再根据其他传感器（如冷却液温度传感器、节气门位置传感器等）信号对喷油量进行修正，使发动机在各种运行工况下均能获得最佳浓度的混合气，从而提高发动机的动力性、经济性和排放性。除喷油量控制外，汽油机电控燃油喷射系统的功能还包括喷油正时控制、断油控制和燃油泵控制。

在柴油机电控燃油喷射系统中，供（喷）油量和供（喷）油正时控制是最基本的控制内容，ECU主要根据发动机转速信号和负荷信号（加速踏板位置信号）来确定基本供（喷）油量和供（喷）油正时，再根据其他传感器信号进行修正。柴油机电控燃油喷射系统还具有供（喷）油速率控制和喷油压力控制等功能。

电控汽油喷射系统一般由汽油供给系统、空气供给系统和电子控制系统三个子系统组成。

1. 汽油供给系统主要元件及其检修

汽油供给系统主要由汽油箱、电动汽油泵、汽油滤清器、汽油压力调节器、喷油器、冷起动喷油器和汽油压力脉动阻尼器等组成。

（1）电动汽油泵及其检修　电动汽油泵的作用是把汽油从汽油箱中泵出，供给汽油系统足够的具有规定压力的汽油，电控汽油喷射系统的压力一般为 0.2 ~ 0.3MPa。

电动汽油泵的安装形式有两种：外置泵和内置泵。外置泵将泵装在油箱之外的输油管路中，内置泵则是将泵安装在汽油箱内。与外置泵相比，内置泵不易产生气阻和汽油泄漏，且噪声小，应用广泛。

汽油泵由电动机、滚柱泵、单向阀、限压阀、滤网和阻尼稳压器等组成，其结构如图4-2 所示。

汽油流经电动汽油泵内部，对永磁电动机的电枢起到冷却作用。电动汽油泵一般还带着限压阀和单向阀。限压阀的作用是防止汽油管路堵塞时油压过高，造成油管破裂或汽油泵损坏。单向阀的作用是在发动机熄火后、汽油泵停止工作时密封油路，使汽油供给系统保持一定的油压，以便发动机下次容易起动。

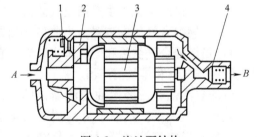

图4-2　汽油泵结构
1—限压阀　2—滚珠泵　3—电动机　4—单向阀
A—进油口　B—出油口

检修电动汽油泵时应判断是控制系统故障，还是油泵本身的故障。电动汽油泵控制系统由控制电路、继电器以及电脑内的油泵控制部分组成。当油泵运转不正常时，首先应检查其控制系统。ECU控制的油泵控制系统检查步骤如下：

1）打开油箱盖。

2）打开点火开关（不起动发动机），听油箱中有无燃油泵电动机转动的声音，如能听到油泵运转 3 ~ 5s 后停止，则控制系统工作正常。

3）如听不到油泵运转的声音，关闭点火开关后，用跨接线将故障插头内两插孔短接。此时，打开点火开关，若能听到油泵运转的声音，说明电脑外部油泵控制电路正常，故障在电脑内部，若仍听不到油泵运转的声音，则应先检查熔丝、继电器有无损坏，各电路有无断路或接触不良。若电路正常，则应拆检电动汽油泵。

4）检测熔丝。将熔丝从熔断器盒中取出，检测其阻值应为 0Ω，如果测得值为 ∞，说明熔丝熔断，电路中存在过载现象。排除电路过载故障后，再更换相同规格的熔丝。如果直接更换熔丝，会导致新的熔丝继续熔断。

5）检测油泵继电器。油泵继电器常见故障有线圈烧损、触点烧蚀或触点粘连。

电动汽油泵供油量一般是发动机工作时所需燃油量的 6 ~ 7 倍，多余的燃油经回油管流回至油箱。在发动机二级维护时，应检测电动汽油泵的供油量，检测方法如下：

1）关闭点火开关，拆除油泵熔丝、油泵继电器或电动汽油泵导线连接器（依据车型而定），断开电动汽油泵的电源。

2）起动发动机直至自行熄火，重复起动发动机 2 ~ 3 次，卸掉燃油管路中的高压。

3）拆除燃油分配管上的进油管，注意应在操作点处垫上抹布吸收溢出的燃油。

4）把拆开的进油管放入一个大号量杯中。

5）用跨接线将电动汽油泵与蓄电池相连，此时电动汽油泵工作，泵出高压燃油。

6）记录电动汽油泵的工作时间和供油体积，供油量应符合车型技术要求。一般经燃油滤清器过滤后的供油量为 1.2 ~ 2L/min。检测油泵供油量时，油泵每次工作时间不能超过 10s。

（2）电动汽油泵进油滤网的维护 电动汽油泵在进油口的进油滤网用于过滤燃油中直径较大的杂质和胶质，保护油泵电动机。杂质和胶质较多时会影响电动燃油泵的泵油量，严重时会导致电动燃油泵无法吸油，因此需经常清洗油泵滤网和燃油箱，电动汽油泵滤网破损后应更换电动汽油泵总成。

（3）喷油器及其检查 喷油器是发动机电控汽油喷射系统的一个重要执行元件，它接受 ECU 送来的喷油脉冲信号，准确地计算汽油喷射量，同时，将汽油喷射后雾化。喷油器是一种加工精度要求很高的精密器件，要求具有良好的动态流量稳定性，抗阻塞、抗污染能力强，汽油喷射雾化性能良好。

喷油器有几种不同的分类方式：按用途分为单点式和多点式；按汽油的送入位置可分顶部供油式和底部供油式；按喷油口形式可分为轴针式和孔型两种，孔型又可分为球阀式和片阀式等；按电磁线圈阻值大小可分为低阻式和高阻式；按驱动方式可分为电流驱动式和电压驱动式等。

喷油器在实际工作过程中，由于针阀有一定的质量以及电磁线圈有自感作用，使针阀具有动作滞后的工作特性。如图 4-3 所示，当通电时间 T_i 触发脉冲加到电磁线圈上时，针阀并不能同时升到最大，而是在达到开阀时间 T_0 时，针阀才可达到最大升程状态，针阀在最大升程状态保持静止；当触发脉冲消失后，到达关闭时间 T_c 时，针阀关闭。针阀关闭后，其阀针部与阀体接触，针阀在关闭状态处于静止，直到下一个触发脉冲到来时，喷油器重复此动作。

喷油器的驱动电路有电流驱动和电压驱动两种，而喷油器又有低阻喷油器和高阻喷油器。电流驱动只适用于低阻喷油器；电压驱动既可用于低阻喷油器，又可用于高阻喷油器。

喷油器工作情况检查。发动机热车后怠速运转时，用螺钉旋具或听诊器（触杆式）接触喷油器，通过测听各缸喷油器工作的声音（见图 4-4），来判断喷油器是否工作。在发动

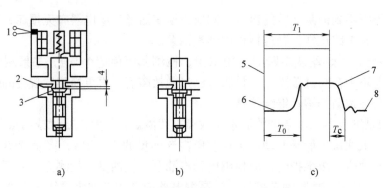

图 4-3　驱动脉冲和针阀工作特性
a）针阀全闭时　b）针阀全开时　c）针阀工作特性
1—触发脉冲输入　2—调整垫　3—针阀凸缘部　4—行程
5—触发脉冲　6—针阀升程　7—针阀全开位置　8—针阀全关位置

机运转时应能听到喷油器有节奏的"嗒嗒"声——这是喷油器在电脉冲作用下喷油的工作声。若各缸喷油器工作声音清脆均匀，则各喷油器工作正常；若某缸喷油器的工作声音很小，则该缸喷油器的工作不正常——可能是针阀卡滞，应做进一步的检测；若听不见某缸喷油器的工作声音，则该缸喷油器不工作，应检查喷油器及其控制线路。

（4）汽油压力调节器及其检查　发动机所需的汽油喷射量是通过 ECU 控制喷油器的通电（喷油）时间来实现的。为了获得精确的喷油量，要利用压力调节器。汽油压力调节器的任务是保持汽油压力与进气管压力之间的压力差恒定。因此，喷油器的喷油量只与喷油时间有关，ECU 通过控制喷油时间来控制喷油量。

汽油压力调节器通常安装在汽油共轨或输油管的一端，它主要由膜片、弹簧和阀门等组成，如图 4-5 所示。

图 4-4　喷油器工作情况检查

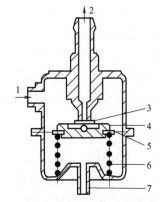

图 4-5　汽油压力调节器
1—进油口　2—回油口　3—阀门　4—阀支
承板　5—膜片　6—弹簧　7—进气管连接口

汽油压力调节器外壳由金属制成，以膜片分隔成两室，膜片上方为汽油室，与汽油管相通，膜片下方为真空室，与进气管相通。出油口有阀门控制，经回油管与汽油箱相连。

发动机工作时，汽油压力调节器的膜片上方承受的压力为弹簧的弹力和进气管内气体的压力之和，膜片下方承受的压力为汽油压力。当膜片上、下承受的压力相等时，膜片处于平衡位置不动。当进气管内气体压力下降时，膜片向上移动，回油阀开度增大，回油量增多，输油管内的汽油压力也下降；反之，当进气管内的气体压力升高时，则膜片带动回油阀向下移动，回油阀开度减小，回油量减少，输油管内的汽油压力也升高。由此可见，在发动机工作时，汽油压力调节器通过控制回油量来调节输油管内的汽油压力，从而保持喷油压差恒定不变。

发动机工作时，由于汽油泵的供油量远远大于发动机消耗的油量，所以回油阀始终保持开启，使多余汽油经过回油管流回到油箱。发动机停止工作时，随汽油管内汽油压力下降，回油阀在弹簧作用下逐渐关闭，以保持汽油供给系统内有一定的残余压力。

燃油系统压力的检查通过测试燃油供给系统压力可诊断燃油供给系统是否有故障，进而根据测试结果确定故障性质和部位。测试时需使用专用油压表和管接头，测试方法如下：

检查油箱内燃油是否足够；释放燃油供给系统压力；检查蓄电池电压，应为 12V 左右（电压高低直接影响燃油泵的供油压力），拆开蓄电池负极电缆线；将专用油压表连接到燃油供给系统中，拆下连接在燃油滤清器与输油管之间的脉动阻尼器，用专用接头将油压表安装到脉动阻尼器的位置，如图 4-6 所示。

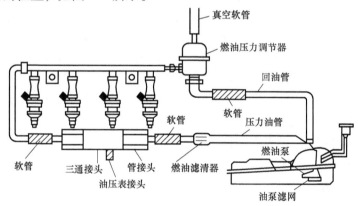

图 4-6　油压表的连接方式

将溅出的汽油擦净，重新接好蓄电池负极电缆线。起动发动机并维持怠速运转，检测发动机运转时的燃油压力，怠速运转时燃油压力：一般多点喷射系统压力应为 250～300kPa，单点喷射系统压力应为 70～100kPa。

拔下油压调节器真空软管，并用手指堵住进气管一侧的管，燃油压力应上升 50kPa 左右。在燃油泵、油管、真空软管工作都正常的条件下，如压力检测不符合规定值，说明油压调节器工作不良，应更换。

使发动机熄火，燃油泵停止工作，等待 10min 后观察油压表压力（即燃油供给系统残余压力）；多点喷射系统压力应不低于 200kPa，单点喷射系统压力应不低于 50kPa。

如压力过低，则再次起动发动机并怠速运转，使压力达到额定值后，断开点火开关，并用钳子夹住回油管，同时观察油压表压力。等待 10min 后，若压力高于 200kPa，说明油压调节器失效，应予更换；若压力低于 200kPa，说明输油管、喷油器有泄漏，或燃油泵单向阀故障，或喷油器进油口处的 O 形密封圈失效，需逐项进行检修。

（5）汽油压力脉动阻尼器　当电动高压油泵泵油时或喷油器喷油时，在汽油输入管道内会产生汽油压力脉动，影响了喷油器的喷油精度。为了避免这种现象产生，通常可安装汽油压力脉动阻尼器来减弱汽油总管中的压力脉动波，有效提高喷油器的喷油精度及降低噪声。汽油压力脉动阻尼器通常安装在汽油总管上，或安置在电动汽油泵上，还有的安装在输油管路上，但其功用与工作原理基本相同。

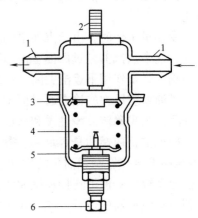

汽油压力脉动阻尼器的功用是衰减喷油器喷射后产生的压力脉动，其结构与工作原理如图 4-7 所示。膜片将汽油压力脉动阻尼器壳体内部分为弹簧室和汽油室两部分。利用弹簧和膜片等弹性元件的阻尼作用来吸收压力脉动波的液体能量，使汽油总管内的汽油压力保持平稳。

汽油供给系统的作用是将汽油从汽油箱中泵出，并经过滤清、调压后提供给喷油器，然后再由喷油器喷入发动机参加燃烧。如果该系统发生阻塞、泄漏、供油中断、供油压力失常（压力过高或过低）等故障，必然引起发动机燃料供给的失常，从而造成发动机动力不足、

图 4-7　汽油压力脉动阻尼器
1—燃油接头　2—固定螺纹　3—膜片
4—压力弹簧　5—壳体　6—调节螺钉

加速不良、排气冒黑烟、汽油消耗过大以及不能起动等故障现象。此时，往往需要对汽油供给系统进行测试、诊断和维修。其中，汽油泵磨损或卡滞、汽油滤清器阻塞等会引起供油压力下降或中断；汽油压力缓冲器和油压调节器失常，会引起供油压力过高、过低或不稳。可见，通过测试供油系统的压力可以诊断供油系统的故障。

2. 空气供给系统主要元件及其检修

空气供给系统用于将大气中的空气过滤后，按照发动机负荷的不同向发动机提供不同量的清洁空气。负荷越大，所提供的空气越多；反之，负荷越小，所提供的空气也越少。

空气供给系统主要由空气滤清器、空气流量计（或进气压力传感器）、节气门和辅助空气阀等组成，如图 4-8 所示。

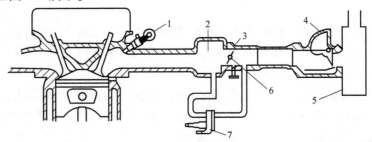

图 4-8　空气供给系统
1—喷油器　2—稳压腔　3—节气门体　4—空气流量计　5—空气滤清器
6—节气门　7—辅助空气阀

空气流量的测定方式有两种：质量流量方式和速度密度方式。质量流量方式是利用空气流量计直接测量吸入发动机的空气量；速度密度方式是利用进气压力传感器测量进气歧管压

力，ECU 根据该压力和发动机转速计算出吸入发动机的空气量。

（1）空气流量计　空气流量计又称为空气流量传感器，用以直接测量发动机运转时吸入的空气流量，将信号送给 ECU，配合发动机转速，以决定基本喷射量，其主要形式有翼片式、热线式、热膜式和卡门涡流式等。

1）翼片式空气流量计。翼片式空气流量计又称为叶片式或风门式空气流量计，主要由翼片、电位计和接线插头等组成，还包括怠速调整螺钉、油泵开关及进气温度传感器等，如图 4-9 所示。

翼片式空气流量计结构简单、工作可靠，但有一定的进气阻力，而且容易磨损。空气通过空气流量计主通道时，测量叶片将受到吸入空气气流的压力及复位弹簧的弹力控制。若空气流量增大，则气流压力增大，使测量叶片偏转角增大；反之，使叶片偏转的角度减小，直到动平衡为止。进气量越大，叶片偏转角度也越大。

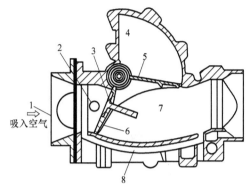

图 4-9　翼片式空气流量计
1—进气口　2—进气温度传感器　3—阀门
4—阻尼室　5—阻尼片　6—测量片
7—主气道　8—旁通气道

翼片式空气流量计是用于测量进气量的重要部件，其常见故障有叶片摆动卡滞，电位计滑动触点磨损而使滑动电阻片与触点接触不良，以及油泵触点由于烧蚀而接触不良，造成电动燃油泵供油不稳定等，对空气流量计进行检修的主要内容如下：

① 检查外观。翼片式空气流量计可用手拨动叶片，使其转动，检查叶片是否运转自如，复位弹簧是否良好。如果触点无磨损、叶片摆动平稳、无卡滞和破损，说明机械部件完好。

② 检查电动燃油泵开关。断开点火开关，拔下传感器线束连接插头，用万用表测量传感器插座上油泵触点与油泵开关搭铁间电阻值。当叶片完全关闭时，触点应处于断开状态，电阻值应为无穷大；当叶片稍微摆动时，触点应当闭合，电阻值应当为零。

③ 检查电位计性能。断开点火开关，拔下传感器线束连接插头，用万用表测量电位计空气流量计输出信号与搭铁间电阻值。在测量叶片摆动过程中，其电阻值应当连续变化，注意观察电阻值有无忽大忽小或者间断出现电阻值很大等不良情况。

④ 测量进气温度传感器的电阻值。断开点火开关，拔下传感器线束连接插头，用电吹风或工作灯对空气流量计的进气温度传感器加热，并用万用表测量进气温度传感器信号与搭铁端子之间的电阻值，电阻值应随温度升高而降低，且符合规定值。

2）热线、热膜式空气流量计。热线式空气流量计（见图 4-10）主要由感知空气流量的白金热线、温度补偿电阻、控制电路板、取样管、防护网、连接器及壳体组成。

热膜式空气流量计的结构和工作原理与热线式空气流量计基本相同（见图 4-11）。只是将发热体由热线式改为热膜式，热膜是由发热金属铂固定在薄的树脂膜上构成的。这种结构可使发热体不直接承受空气流动产生的作用力，增加了发热体的强度，提高了空气流量计的可靠性。

热线式空气流量计可就车检测热线自洁净电路，其检测方法如下：拆下空气流量计进口处的空气滤清器和进气管道，拆下此空气流量传感器的防尘网；起动发动机并加速至

2500r/min以上，关闭点火开关，待发动机停转后5s，从空气流量传感器进气口处观察，可以看到自洁热线电阻自动加热烧红（约1000℃），持续约1s。如无此现象发生，则需检查自清洁信号或更换空气流量传感器。

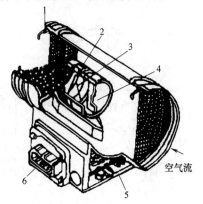

图 4-10　热线式空气流量计
1—防护罩　2—取样管　3—白金热线　4—温度
补偿电阻　5—控制线路板　6—电路连接器

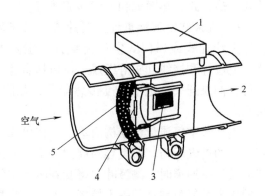

图 4-11　热膜式空气流量计
1—控制回路　2—通往发动机　3—热膜
4—温度补偿电阻　5—防护网

车下检查空气流量传感器输出信号步骤如下：

① 拔下此空气流量传感器的导线连接器，拆下空气流量传感器，观察流量计内的热线电阻有无断丝或脏污，防护网有无堵塞或破裂，如有，则应更换空气流量计。

② 如图 4-12 所示，将蓄电池的电压施加于空气流量传感器的端子 D 和 E 之间（电源极性应正确），然后用万用表电压档测量端子 B 和 D 之间的电压，其标准电压值为 (1.6 ± 0.5) V，如其电压值不符，则需更换空气流量传感器。

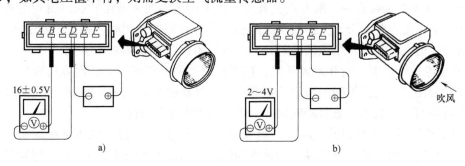

图 4-12　热线式空气流量传感器输出信号检查

③ 在进行上述检查之后，用电吹风将风吹入热线式空气流量计内部，同时测量端子 B 和 D 之间的电压。在吹风时，电压应上升至 2~4V。如电压值不符，则需更换空气流量传感器。

就车检测空气流量计电源电压。拔下空气流量计上的导线连接器，导线连接器端子如图 4-13 所示。起动发动机，用万用表电压档测量空气流量计导线连接器端子 2 与搭铁线间的电压，其电压应大于 11.5V。否则，应检查附加熔丝、油泵继电器或连接线路。打开点火开关，用万用表测量空气流量计导线连接器端子 4 与搭铁线间的电压，其电压应接近 5V；否则，应检查连接线路，如连接线路正常，则应更换发动机 ECU。

车下检测。拆下空气流量计，检查防护网、热膜有无异常，如有异常，则应更换空气流量计。在空气流量计插座 4 号端子与搭铁线之间加 5V 直流电压，2 号端子与搭铁线之间加 12V 直流电压。用电吹风机向空气流量计内吹风，用万用表测量插座 5 号端子与 3 号端子之间的电压。改变吹风距离，电压表读数应能平稳缓慢地变化，距离接近时电压升高，离远时电压下降；否则，应更换空气流量计。

3）卡门旋涡式空气流量计（见图 4-14）。卡门旋涡式空气流量计直接用电子方法来测量进气量，与翼片式空气流量计相比，它具有体积小、质量小、进气道简单、进气阻力小等优点。

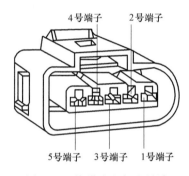

图 4-13 热膜式空气流量计
导线连接器

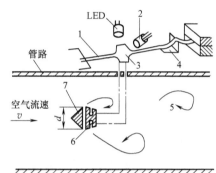

图 4-14 卡门旋涡式空气流量计（反光镜检测方式）
1—支承板 2—光电管 3—反光镜 4—板簧
5—卡门旋涡 6—导压孔 7—涡流发生器

卡门旋涡式空气流量计的检测包括：

① 就车检测空气温度传感器电阻。关闭点火开关，拔下空气流量计的导线连接器，用万用表电阻档测量端子间的电阻，如果阻值与标准值不符，应更换空气流量计。

② 就车检测电源电压。拔下空气流量计导线连接器，打开点火开关，在导线连接器端检查电源端子与搭铁之间的电压。如不正常，则应检查导线和电脑。

③ 就车检测输出信号电压。插好空气流量计导线连接器，从线束连接器背面引出导线，用万用表在线束连接器背面引出的导线上测量信号输出端子与搭铁端子间的电压。打开点火开关，不起动发动机时，电压应为 4.5 ~ 5.5V；起动发动机，电压应为 2.0 ~ 4.0V，并随着进气量的增加，电压升高。如电压不正常，则说明空气流量计损坏，应予以更换。

（2）进气管压力传感器 进气管绝对压力、节气门开度与发动机转速有关，节气门开度越大，进气管压力越高（真空度越低）。当节气门全开时，进气管压力接近大气压力，因此，进气管绝对压力反映了发动机负荷，通过测量进气管绝对压力和发动机转速信号可以间接确定进入气缸的空气量。

进气压力传感器有多种形式，根据信号的产生原理可分为压电式、压敏电阻式及电容式等。电阻式进气压力传感器的检修内容如下：

1）电阻检查。关闭点火开关，拔下 ECU 线束连接器和歧管压力传感器线束连接器。用万用表的"R×1"档检查 ECU 和传感器有关端子间电阻，其电阻应符合规定值。如果电阻过大或为无穷大，说明线束与端子接触不良或有断路，应进行检修。

2）检测电源电压。拔下进气压力传感器导线连接器插头。打开点火开关，但不起动发动机。用万用表测量导线连接器电源输入插头与搭铁端子间的电压，该电压应约为 5V。如不符，应检查连接线路和 ECU。

3）检测输出电压。插上进气压力传感器导线连接器。打开点火开关，但不起动发动机，用万用表测量导线连接器信号输出与搭铁端子之间的电压，其标准值应为 3.8～4.2V。发动机怠速运转时，用万用表测量导线连接器信号输出与搭铁端子之间的电压，其信号电压应为 0.8～1.3V；若加大节气门，信号电压应升高。如不符，应更换进气压力传感器。

（3）节气门位置传感器　节气门位置传感器通常装在节气门体上，可同时把节气门开度、怠速、大负荷等信号转换成电压信号送至 ECU 中，以便控制系统可根据发动机的各种典型工况对其喷油量及点火提前角进行最优控制。节气门位置传感器有线性输出和开关量输出两种类型。

节气门体是空气供给系统的重要部件，在维修时应检查节气门体内是否有积垢或结胶，必要时用化油器清洗剂进行清洗。注意：绝对不允许用砂纸或刮刀等清理积垢和结胶，以免损伤节气门体内腔，导致节气门关闭不严或改变怠速空气道尺寸，影响发动机正常工作。

1）节气门位置传感器的拆装步骤如下：

① 将节气门位置传感器装在节气门腔体上，不要拧紧螺栓。

② 插上节气门位置传感器线束插接件。

③ 起动发动机并充分暖机。

④ 用检测仪进行节气门位置传感器调整。

⑤ 用电压表测量节气门位置传感器的输出电压。

⑥ 旋转节气门位置传感器本体，把输出电压调整到 0.45～0.55V。

⑦ 拧紧安装螺栓。

⑧ 拔下节气门位置传感器线束插接件几秒钟，然后重新插上。

有的节气门位置传感器更换后，要进行清除故障自诊断存储器中故障码的初始化操作。

2）节气门位置传感器的调整步骤如下：

① 起动发动机并怠速运转。

② 用万用表测节气门位置传感器 IDL 信号线电压。

③ 当节气门止动螺钉和挡杆之间间隙小于 0.35mm 时（节气门开度 <3），IDL 信号线电压应为 0V。

④ 当节气门止动螺钉和挡杆之间间隙大于 0.70mm 时（节气门开度 >3），IDL 信号线电压应为 12V。

⑤ 若不符合以上要求，则松开传感器两个固定螺钉，慢慢转动传感器进行调节，直至 IDL 电压符合③、④要求，并紧固传感器固定螺钉。

有些车没有怠速开关 IDL，节气门位置传感器的调整方法是：在节气门完全关闭时，调整节气门传感器位置使其 VTA 电压值小于 0.8V 即可。

（4）怠速控制阀　怠速控制阀的作用：一是稳定发动机的怠速转速，从而降低发动机怠速时的汽油消耗量；二是发动机在怠速运行时，若负荷增大（如接通空调、动力转向等），则提高怠速转速，以防止发动机熄火。根据结构不同，怠速控制阀可分为步进电动机式（见图 4-15）、旋转滑阀式及节气门直动式等。

当空气供给系统发生阻塞、泄漏等故障时，必然引起进气量与发动机负荷的不协调，从而导致发动机运转不良。一般情况下，当空气供给系统发生阻塞故障时，发动机会因为进气不畅而动力不足，直至不能运转。

空气供给系统的阻塞故障通常发生于空气滤清器内部滤芯处，一般通过清洁作业就可以排除，个别情况下需要更换滤芯。但对于不同类型的空气滤清器，清洁作业的方法存在不同的差别。

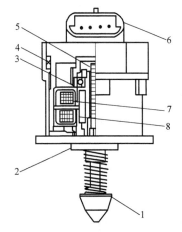

当空气供给系统发生泄漏故障时，一般会对怠速产生较大影响：对于采用空气流量计的电控发动机，往往会造成怠速不稳或没有怠速（一松加速踏板就熄火）；对于采用进气压力传感器的电控发动机，往往会造成怠速偏高（松加速踏板后怠速高于设定值）。

空气供给系统的漏气故障通常发生于节气门体之后的进气管、进气歧管等与其他部件的结合处，一般是由于密封垫片失效所致，通常需要更换作业，但找出漏气点是更换作业前的关键环节。

图 4-15　步进式电动机怠速阀
1—控制阀座　2—前轴承　3—后轴承
4—密封圈　5—丝杠　6—线束插接器
7—定子　8—转子

可见，当发动机出现动力不足、怠速不稳或没有怠速以及怠速偏高等现象时，往往需要对空气供给系统进行检查、维护或维修，以排除因阻塞或泄漏所造成的发动机故障现象。

3. 电子控制系统主要元件及其检修

电子控制系统主要由传感器、ECU 和执行器三部分组成。不同类型的电控汽油喷射系统的控制功能、控制方式和控制电路的布置不完全一样，但基本原理相同。

（1）传感器　传感器的功用是把非电量信号转换成电量信号，输送给 ECU。电控汽油喷射发动机使用的传感器主要有温度传感器、转速传感器、曲轴位置传感器、压力传感器、空气流量传感器、氧传感器、爆燃传感器、节气门位置传感器及车速传感器等。上述传感器中有些前面已有介绍，下面介绍其他传感器的结构和原理。

1）温度传感器。冷却液温度、进气温度传感器的作用是精确测量冷却液温度和进气温度，以判定发动机的热状态和进入空气的质量等。

温度传感器的核心部分是热敏电阻，其结构如图 4-16 所示。它由热敏电阻元件、引线、外壳及接线端子组成。水温传感器和空气温度传感器的区别点是有无保护外壳，空气温度传感器没有保护外壳。温度传感器除热敏电阻式外，还有绕线式、扩散电阻式、金属芯式及半导体晶体管式等。

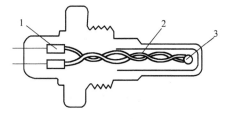

图 4-16　热敏电阻式温度传感器
1—接线端子　2—引线　3—热敏电阻元件

2）氧传感器。氧传感器的作用是监控废气中氧的含量和燃烧情况的好坏，它反馈给发动机 ECU 电压信号，ECU 根据此信号发出新的喷油指令，使空燃比控制在 14.7 这一最佳状态。

3）爆燃传感器。爆燃传感器用于检测发动机的爆燃程度，以实现发动机点火时刻的闭环控制过程，可有效地抑制发动机爆燃现象的发生。

发动机爆燃程度的检测方法通常有三种：气缸压力法、发动机机体振动法及燃烧噪声法。

其中气缸压力法精度最高，但传感器本身存在着耐久性差和安装困难等难题。燃烧噪声法采用非接触式检测法，耐久性很好，但精度和灵敏度偏低。目前，最常见的是用发动机机体振动法来判断爆燃强度，以便对发动机的点火提前角进行反馈控制。

采用发动机机体振动检测法的爆燃传感器有磁致伸缩式和压电式两类，压电式又分为共振型和非共振型。

4）曲轴转速与位置传感器。曲轴转速与位置传感器是发动机集中控制系统中重要的传感器之一，可提供发动机的转速、曲轴转角位置及气缸行程位置信号，以此确定发动机的基本喷油时刻及点火时刻。曲轴转速与位置传感器可分为磁电式、光电式和霍尔式三种类型。

由于磁电式传感器和霍尔式传感器抗污能力强、高速时信号识别能力强，因此得到广泛应用。就其安装部位来看，有的安装在曲轴前端，有的安装在凸轮轴前端或分电器内以及飞轮上，所以，也称为曲轴位置传感器或凸轮轴位置传感器。机型不同，所采用的结构形式也有所不同，但两者的原理和结构形式基本相同，只是安装位置有所不同。

通常将发动机转速和曲轴位置传感器一同装在分电器内，分成上、下两部分：上部分产生 G 信号，用于判别工作气缸及检测活塞上止点位置；下部分产生 Ne 信号用于检测曲轴转角位置及发动机转速，如图 4-17 所示。

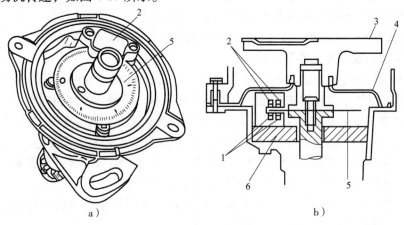

图 4-17 曲轴位置传感器

a）安装位置 b）结构

1—光敏二极管 2—发光二极管 3—分火头 4—密封盖 5—信号盘 6—放大电路

（2）执行器 执行器的功用是根据电控单元输出的指令信号完成所需的机械动作，以实现某一系统的调整和控制。将电信号转换为机械运动的方式有多种，电喷发动机中使用的主要是电磁线圈和各种电动机。

电喷发动机的执行器主要有电动汽油泵、电磁喷油器及怠速控制阀等。

（3）电控单元（ECU） ECU 主要由输入回路、A-D 转换器、计算机和输出回路组成。

输入回路的作用是将各传感器检测到的信号进行滤波、整形、放大等处理，然后送至中央处理器进行运算控制。当传感器输出的信号是数字信号时可以直接输入 ECU，但 ECU 不能直接接收模拟信号，必须由 A-D 转换器转换成数字信号。

　　ECU 的功能是根据发动机工作的需要，把各种传感器送来的信号用内存程序和数据进行运算处理，并把处理结果送给输出回路。ECU 主要由中央处理器、存储器及输入/输出装置等组成。

　　输出回路的功用是将 ECU 输出的数字信号转换成可以驱动执行元件的信号。输出回路多采用大功率三极管，由 ECU 输出的信号控制其导通和截止，从而控制执行元件的搭铁回路。

复习思考题

4-1　简述汽油机燃油供给系统的组成。

4-2　汽油机燃油供给系统的种类有哪些？

4-3　电控汽油喷射系统有哪些子系统？

4-4　发动机电控汽油喷射系统主要应用哪些传感器？

4-5　曲轴转速与位置传感器的工作原理是什么？

第5章 柴油机燃油供给系统

本章主要讲述柴油机燃油供给系统的作用和种类，介绍了柱塞式柴油机燃油供给系统的构造和工作原理，讲解了柴油供给系统的维修要求。

5.1 概述

柴油机与汽油机相比，具有燃油经济性好、功率范围大、工作可靠性强及排气污染小等优点。但柴油机也存在体积大、噪声大、工作粗暴等缺点。目前，电子控制技术在柴油机上的应用促进了柴油机的发展，即柴油机的燃油喷射系统从机械控制式转向电子控制式发展，改善了柴油机的技术性能。现代柴油机已成为一种排放清洁、节省能源的动力设备，从而得到了广泛的应用。由于柴油黏度大，不易蒸发，所以其组成、结构和工作原理等与汽油机有很大的区别。

5.1.1 柴油供给系统的作用和组成

柴油机燃油供给系统是柴油机的重要组成部分，用于完成燃油的储存、滤清和输送工作。其主要功用是：按照柴油机各种工况要求，定时、定量、定压地将雾化良好的柴油按一定的喷油规律喷入燃烧室，使其与空气迅速混合并燃烧，做功后将燃烧废气排出气缸。

柴油机燃油供给系统由燃油供给装置、空气供给装置、混合气形成装置和废气排出装置四部分组成。根据结构特点的不同，柴油机燃油供给装置又可分为柱塞式高压油泵燃油供给装置、分配式高压油泵燃油供给装置和 PT 燃油系统等。图 5-1 所示为采用柱塞式高压油泵的柴油机燃油供给系统。

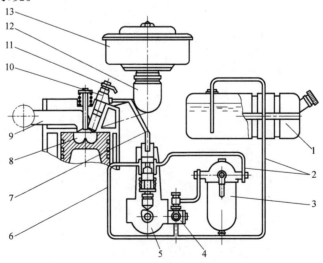

图 5-1 柴油机燃油供给系统

1—油箱 2—低压油管 3—柴油滤清器 4—输油泵 5—高压油泵 6—高压油泵回油管
7—高压油管 8—燃烧室 9—排气管 10—喷油器 11—喷油器回油管 12—进气管 13—空气滤清器

1. 燃油供给装置

燃油供给装置的主要功用是完成柴油的储存、滤清和输送工作，并将柴油以一定压力和喷油质量定时、定量地喷入燃烧室。该装置由油箱 1、输油泵 4、低压油管 2、柴油滤清器 3、高压油泵 5、高压油管 7、喷油器 10 及回油管 6、11 等组成。燃油供给装置可分为低压油路和高压油路两部分，低压油路主要包括油箱 1、输油泵 4、柴油滤清器 3 和低压油管 2 等，高压油路主要包括高压油泵 5、喷油器 10 和高压油管 7 等。

2. 空气供给装置

空气供给装置的主要功用是供给发动机清洁的空气。该装置由空气滤清器 13、进气管 12 及进气道等组成。为增加进气量，提高燃油经济性，许多柴油发动机装有进气增压装置。

3. 混合气形成装置

混合气形成装置的主要功用是使柴油与空气混合形成混合气，在燃烧室 8 中完成。

4. 废气排出装置

废气排出装置的主要功用是将燃烧废气排出气缸；该装置由气缸盖内的排气道、排气管及排气消声器等组成。

柴油机工作时，输油泵 4 将柴油从油箱 1 内吸出，经柴油滤清器 3 滤清后，经低压油管 2 送入高压油泵 5，高压油泵 5 将柴油压力提高，按不同工况所需的柴油量经高压油管 7 输送给喷油器 10，喷油器 10 将柴油以雾状喷入燃烧室 8，与高温空气混合后自行着火燃烧。输油泵 4 提供的多余部分柴油经高压油泵回油管 6 流回油箱，喷油器多余的少量柴油经喷油器回油管 11 流回油箱。

5.1.2　可燃混合气的形成与燃烧

在柴油机的工作过程中，燃烧过程是将燃料的化学能转变为热能的过程，燃烧过程的好坏直接影响柴油机的性能。

柴油机使用的是馏分较重的柴油，因此柴油机的燃烧过程与汽油机的燃烧过程有显著的区别。柴油相对汽油来说，黏度大、蒸发性差，不可能在气缸外部与空气混合形成混合气，柴油机是在压缩冲程接近终了时才把柴油喷入气缸。喷入气缸的柴油，由于受到空气的阻力，燃油被击碎成大小不同的油滴，分布在燃烧室内；油滴在高温的空气中开始吸收热量，温度很快上升，从油滴表面开始蒸发，柴油分子即向高温空气中扩散，经过一段时间以后，在油滴的外围便形成一层柴油蒸气和空气的混合气。接近油滴表面的混合气很浓，距离油滴表面越远，混合气就越稀。由于在压缩终了时才喷油，柴油机的混合气形成时间很短，因而造成混合气成分在燃烧室各处是很不均匀的（汽油机的混合气形成时间很长，可以认为形成的混合气是比较均匀的），而且由于不可能一下子把所有柴油都喷入气缸，故随着柴油的不断喷入，气缸内的混合气成分也是不断变化的。在混合气浓的地方，柴油因缺氧燃烧迟缓，甚至燃烧不完全而引起排气冒黑烟，而混合气稀处的空气却得不到充分利用。所以，柴油机的混合气形成与燃烧是决定柴油机动力性和经济性的关键。

1. 可燃混合气的形成

在燃烧室内，现代柴油机形成良好混合气的方法通常有如下三种：

1）空间雾化混合。以喷油器的机械喷雾为主，将柴油喷入燃烧室的空间，初步形成雾状混合物，待柴油吸热蒸发后进而形成气态混合气。

2）油膜蒸发混合。将大部分柴油先喷射到燃烧室壁面上，在空气旋转运动作用下形成一层薄而均匀的油膜，少部分柴油喷向空间先行着火，然后燃烧室壁上的油膜受热蒸发与旋转的空气混合形成可燃混合气并燃烧。在这种混合气形成方式中，空气运动起主要作用。

3）复合式。空间雾化和油膜蒸发两种方式兼用的混合方法，只是多少、主次各有不同。

目前，多数柴油机仍以空间雾化混合为主，仅球形燃烧室以油膜蒸发混合为主。

2. 可燃混合气的燃烧

柴油机可燃混合气的形成和燃烧都是直接在燃烧室内进行的。当活塞接近压缩上止点时，柴油喷入气缸，与高压高温的空气接触、混合，经过一系列的物理、化学变化才开始燃烧。之后便是边喷射，边燃烧。其混合气的形成和燃烧是一个非常复杂的物理化学变化过程，可燃混合气的形成与燃烧大体分四个时期，如图 5-2 所示。

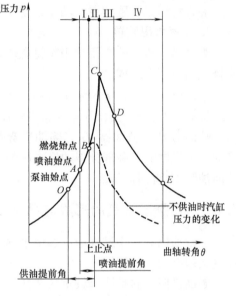

图 5-2　混合气燃烧过程示意图

（1）备燃期　从喷油开始到开始着火燃烧为止（见图 5-2 的 AB 段）。喷入气缸中的雾状柴油并不能马上着火燃烧，气缸中的气体温度虽然已高于柴油的自燃点，但柴油的温度不能马上升高到自燃点，要经过一段时间的物理和化学准备过程。随着柴油温度升高，少量的柴油分子首先分解，并与空气中的氧分子进行化学反应，具备着火条件而着火，形成了火焰中心，为燃烧做好了准备。这一时间很短，一般仅为 0.0007～0.003s。

（2）速燃期　从燃烧开始到气缸内出现最高压力为止（见图 5-2 的 BC 段）。火焰中心已经形成，已准备好的混合气迅速燃烧。在这一阶段由于喷入的柴油几乎同时着火燃烧，而且是在活塞接近气缸上止点、气缸工作容积很小的情况下进行燃烧的，因此，气缸内的压力 p 迅速增加，气缸内温度升高很快。

（3）缓燃期　从出现最高压力到气缸内出现最高温度为止（见图 5-2 的 CD 段）。这一阶段喷油器继续喷油，由于燃烧室内的温度和压力都高，柴油的物理和化学准备时间很短，几乎是边喷射边燃烧。但因为气缸中氧气减少，废气增多，燃烧速度逐渐减慢，气缸容积增大。所以气缸内压力略有下降，气缸内温度达到最高值，通常喷油器已结束喷油。

（4）后燃期　缓燃期终点 D 以后的燃烧。这一时期，虽然不喷油，但仍有一少部分柴油没有燃烧完，随着活塞下行继续燃烧。后燃期没有明显的界限，有时甚至延长到排气冲程还在燃烧。后燃期放出的热量不能充分利用来做功，很大一部分热量将通过缸壁散至冷却水中，或随废气排出，使发动机过热，排气温度升高，造成发动机动力性下降，经济性下降。因此，要尽可能地缩短后燃期。

5.2　高压油泵

柱塞式高压油泵的功用是根据柴油机的不同工况，定时、定量地将燃油通过喷油器喷入各个气缸。它是柴油机燃油供给系统中最重要的组成部分，其性能和状态的好坏，对柴油机的工作有着十分重大的影响。因此，人们常称它是柴油机的心脏。

高压油泵一般固定在柴油机机体一侧，由柴油机曲轴通过齿轮驱动，曲轴转两周，高压油泵的凸轮轴转一周。高压油泵的齿轮轴和凸轮轴用万向节连接，调速器安装在高压油泵凸轮轴的另一端。

柱塞式高压油泵由分泵、油量调节机构、驱动机构和泵体四大部分组成。

5.2.1　分泵

柱塞式高压油泵利用柱塞在柱塞套内的往复运动进行吸油和压油，每一对柱塞与柱塞套只向一个气缸供油，通常称之为分泵。分泵的数目与气缸数目相同，并且安装在同一个泵体内，如图 5-3 所示。

柱塞偶件由柱塞 7 和柱塞套筒 6 组成。柱塞套筒安装在高压油泵体内，并用定位螺钉 18 固定，防止其周向转动；柱塞套筒上加工有两个油孔，均与高压油泵体上的低压油腔相通。柱塞与柱塞套筒精密配合，柱塞的圆柱表面加工有斜槽，斜槽的内腔与柱塞上面的泵腔有油孔连通。在柱塞下端固定有调节臂 13，通过它可使柱塞在套筒内转动；在调节臂与高压油泵体之间装有柱塞弹簧 8 和弹簧座9，柱塞弹簧将柱塞推向下方，并使柱塞下端面与装在滚轮架 10 中的垫块、滚轮 12 与凸轮 11 保持接触；发动机工作时，发动机曲轴通过传动机构驱动高压油泵凸轮轴转动，凸轮轴上的凸轮和柱塞弹簧共同作用，驱使柱塞在柱塞套筒内作往复运动。出油阀偶件安装在柱塞偶件上部，并通过出油阀压紧座 1 和压紧垫片 5 使出油阀座 4 与柱塞套筒压紧，以保证密封。

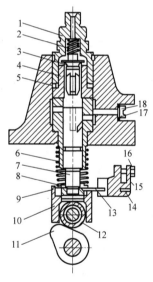

图 5-3　高压油泵分泵的结构
1—出油阀压紧座　2—出油阀弹簧　3—出油阀　4—出油阀座　5—压紧垫片　6—柱塞套筒　7—柱塞　8—柱塞弹簧　9—弹簧座　10—滚轮架　11—凸轮　12—滚轮　13—调节臂　14—供油拉杆　15—调节叉　16—夹紧螺钉　17—垫片　18—定位螺钉

柱塞分泵泵油原理可分为吸油、压油和回油三个过程，如图 5-4 所示。发动机工作过程中，高压油泵凸轮轴上的凸轮转过最高位置时，柱塞在柱塞弹簧作用下向下移动；当柱塞上端面低于柱塞套筒上的油孔时，高压油泵低压油腔内的柴油被吸入柱塞上端的泵腔；当柱塞运动到最下端位置时，柱塞上端的泵腔内充满柴油，分泵完成吸油过程。随高压油泵凸轮轴的继续转动，凸轮驱动柱塞上移，开始有部分柴油从泵腔挤回低压油腔，直到柱塞上端的圆柱面完全封闭柱塞套筒上的两个油孔为止，分泵压油过程开始；此后柱塞继续上移，泵腔内油压升高，油压增高到一定值时，便克服出油阀弹簧的弹力，顶开出油阀，高压柴油经出油阀和高压油管输送给喷油器。在压油过程中柱塞上移,当柱塞上的斜槽与柱塞套筒上的油孔接通时,泵腔内的高压油经柱塞内的油孔、斜槽和柱塞套筒上的油孔流回低压油腔,泵腔内的油压迅速下降,出油阀在其弹簧作用下立即关闭。在此回油过程中,柱塞仍向上移动,直到上止点为止,但不再向喷油器供油。

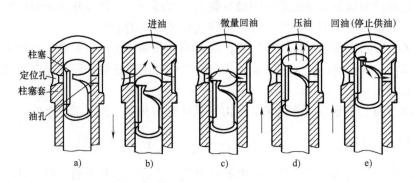

图 5-4　柱塞分泵泵油原理

a) 吸入燃油　b) 压缩过程　c) 回油过程

d) 有效工作段　e) 不泵油状态

柱塞分泵每次泵出的油量取决于柱塞的有效行程,即从出油阀开启到柱塞上的斜槽与柱塞套筒上的油孔接通时柱塞向上移动的距离。使柱塞在柱塞套筒内转动,即可改变斜槽与柱塞套筒上油孔的相对位置,从而改变柱塞的有效行程。柱塞式高压油泵就是以此方法来实现发动机负荷调节的。

出油阀偶件的构造如图 5-5 所示。出油阀的圆锥面为密封面,通过出油阀弹簧将其压紧在阀座上。出油阀和出油阀阀座也是高压油泵中的精密偶件,两者的配合间隙约为 0.001mm。出油阀尾部与阀座间隙配合,对出油阀运动起导向作用。出油阀的尾部开有切槽,形成十字形横截面,以便高压油泵供油时使泵腔内的柴油流出。在上述过程中,从出油阀开启到柱塞斜槽同油孔开始接通,柱塞上行的距离叫做有效行程。分泵只是在有效行程中才供油,当需要改变高压油泵对发动机的供油量时,就必须改变柱塞的有效行程。改变柱塞有效行程的方法是转动柱塞,使柱塞的斜槽与柱塞套上的回油孔在相对位置上发生变化,就可以改变柱塞的循环供油量。

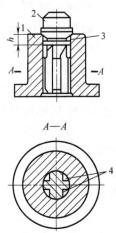

图 5-5　出油阀偶件

1—出油阀座　2—出油阀　3—减压环带　4—切槽

柱塞与柱塞套是高压油泵中的精密偶件,用优质合金钢制造,并通过精密加工和选配,严格控制其配合间隙(0.0015 ~ 0.0025mm)。间隙过大会导致大量漏油;间隙过小则会使柱塞偶件润滑困难。

5.2.2　油量调节机构

油量调节机构的功用是执行驾驶员或测速器的指令，改变柱塞与柱塞套筒的相对位置，从而改变高压油泵的供油量，以适应发动机不同工况的要求。

柱塞式高压油泵常用的油量调节机构主要有拨叉式（见图 5-6）和齿条式（见图 5-7）两种。

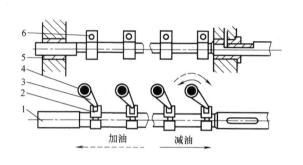 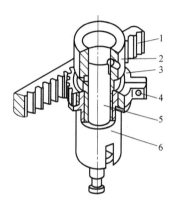

图 5-6　拨叉式油量调节机构
1—供油拉杆　2—拨叉　3—调节臂　4—柱塞
5—供油拉杆衬套　6—拨叉固定螺钉

图 5-7　齿条式油量调节机构
1—供油齿条　2—柱塞套筒　3—齿圈
4—齿圈固定螺钉　5—分泵柱塞　6—传动套筒

5.2.3　驱动机构

驱动机构的功用是驱动柱塞在柱塞套筒内往复运动，使高压油泵完成供油过程；驱动机构主要包括高压油泵凸轮轴和滚轮体等。

凸轮轴通过两个轴承支承在高压油泵体内，其结构原理与配气机构所用的凸轮轴相似。凸轮轴上加工有驱动分泵的凸轮和驱动输油泵的偏心轮。

柱塞式高压油泵上使用的滚轮体主要有调整垫块式和调整螺钉式两种类型，其功用主要是将高压油泵凸轮的旋转运动转变为自身的往复直线运动，从而推动分泵柱塞上行供油，并利用滚轮在高压油泵凸轮上的滚动减轻磨损。

此外，滚轮体还可用来调整分泵供油提前角。分泵供油提前角是指从分泵开始供油至该气缸活塞到达压缩上止点时曲轴转过的角度，分泵供油提前角直接影响喷油器的喷油时刻，对发动机性能有很大影响。对调整垫块式滚轮体增加调整垫块厚度，对调整螺钉式滚轮体拧出调整螺钉（调整时先松开锁紧螺母，调整后再拧紧锁紧螺母），均可使滚轮体的有效高度增加，从而在高压油泵凸轮位置不变（即曲轴位置不变）时，使分泵柱塞升高，分泵供油提前角增大（供油时刻提前）；反之，降低滚轮体有效高度，分泵供油提前角减小（供油时刻推迟）。

5.2.4　泵体

泵体是高压油泵的基础零件，所有的零件通过它组合在一起构成高压油泵整体。泵体有分体式和整体式两种。分体式泵体由上体和下体两部分组成，用螺栓连接在一起，上体用来安装分泵，下体用来安装油量调节机构和驱动机构。整体式泵体具有较高的刚度和密封性能，能够避免泵体变形引起柱塞套的歪斜和偶件间隙的变化，可减小磨损，但拆装不便。

5.3 喷油器

柴油机喷油器的功用是：将燃油雾化并合理地分布到燃烧室内，以便与空气混合形成混合气。根据柴油机混合气形成与燃烧的要求，喷油器应有一定的喷射压力、射程（即喷射距离）以及合适的喷射锥角。此外喷油器停止供油时应干脆，不应有滴漏现象。

车用柴油机上使用的喷油器均为闭式喷油器，即喷油器在不喷油时，喷孔被针阀关闭，将燃烧室与喷油器的油腔彻底分隔开。常用的闭式喷油器又可分为孔式和轴针式两种结构类型，除针阀和针阀体结构略有不同外，其他结构及工作原理完全相同。

5.3.1 孔式喷油器

1. 孔式喷油器的构造

孔式喷油器主要由壳体、喷油嘴和调压装置组成，如图 5-8 所示。孔式喷油器的特点是雾化质量好，主要用在直接喷射式燃烧室的柴油机上。

孔式喷油器的喷油孔数目为 1~8 个，喷油孔直径为 0.25~0.5mm。喷油孔的数目与方向取决于不同形状的燃烧室对喷雾质量的要求和喷油器在燃烧室内的布置。

孔式喷油器由针阀、针阀体、顶杆、调压弹簧、调压螺钉及喷油器体等零件组成。其中最关键的零件是针阀和针阀体，是喷油器的精密偶件，二者合称为针阀偶件。针阀上部的圆柱表面和针阀体相对应的内圆柱面配合精度很高，其配合间隙只有 0.0010~0.0025mm。配合间隙过大，会因漏油而导致油压下降，直接影响喷雾质量；间隙过小，会导致针阀不能在针阀体中正常运动。针阀中部的锥面全部露在针阀体的环形油腔中，以承受油压造成的轴向推力，并使针阀上升，故称此锥面为承压锥面。针阀下端的锥面与针阀体上相应的内锥面配合，实现喷油器内腔的密封，称为密封锥面。针阀偶件是经过选配和研磨而保证其配合精度的，维修过程中针阀偶件不能互换。

2. 孔式喷油器的工作原理

喷油泵输出的高压柴油由高压油管从进油管接头经过在喷油器体与针阀体中钻出的油孔道进入针阀中部周围的环形油腔——高压油腔。油压作用在针阀的承压面上，造成一个向上的轴向推力，当此推力克服了调压弹簧的预紧力以及针阀与针阀体间的摩擦力后，针阀即上移。喷油孔开启，高压柴油便从针阀体下端的两个喷油孔喷出。当喷油泵停止供油时，由于油压迅速下降，针阀在调压弹簧作用下及时回位，将喷油孔关闭。喷射开始时的喷油压力取决于调压弹簧的预紧力，其预紧力用调压螺钉调节。

喷油器由螺栓固定在气缸盖上的喷油器孔座内，用铜制的密封垫密封，防止缸内气体窜出。维修时，拆下来的喷油器应用防污套罩在油管接头和针阀体端部。

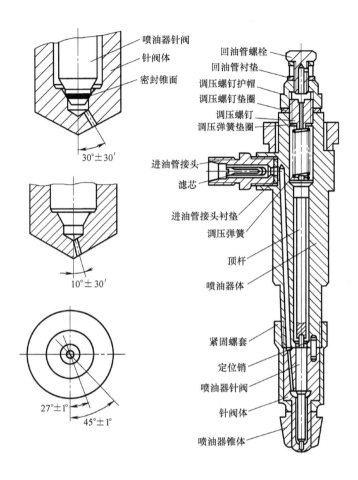

图 5-8　孔式喷油器

5.3.2　轴针式喷油器

1. 轴针式喷油器的构造

如图 5-9 所示，轴针式喷油器的针阀下端有两个圆锥面。较大的圆锥面位于针阀体的环形油槽中；较小的圆锥面则与针阀下端的圆锥面相配合，起阀门的作用，以打开或切断高压柴油与燃烧室的通路。针阀最下端有一段圆柱和一段倒锥体，称为轴针。轴针露出针阀体上的喷孔外，圆柱形部分则位于喷孔中并与喷孔之间有一定的间隙，喷油时喷注呈空心的锥状或柱状。

2. 轴针式喷油器的优点

轴针式喷油器喷孔直径较大，轴针在喷油孔内上下运动，可清除孔中的积炭，从而避免喷孔堵塞，提高了工作的可靠性。轴针式喷油器常用于涡流室式、预燃室式和复合式燃烧室柴油机上。

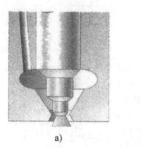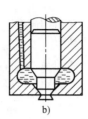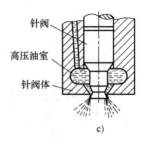

图 5-9　轴针式喷油器
a）轴针式喷油器机构　b）不喷油　c）喷油

5.4　柴油机电控燃油喷射系统

当前，发动机的排放物对大气的污染日趋严重，柴油机的排放污染物法规日趋严格。传统柴油的燃油供给系统仅仅根据柴油机转速控制喷油量和喷油时间，已经远远不能满足现代柴油机对排放和油耗的要求。为了根据实时转速和实际负荷进行特殊形式的精确控制，电子控制技术逐步运用到柴油机燃油供给系统，形成柴油机电控燃油喷射系统。它对提高柴油机的动力性能、经济性能、运转性能和排放性能都产生了极大的影响。

5.4.1　电控柴油喷射的优点

传统的柴油喷射系统采用机械方式进行喷油量和喷油时间调节和控制，由于机械运动的滞后性，调节时间长，精度差，喷油速率、喷油压力和喷油时间难以准确控制，导致柴油机动力性、经济性不能充分发挥，排气超标。研究表明，一般机械式喷油系统对喷油定时的控制精度为 2°CA（曲轴转角）左右。而喷油始点每改变 1°CA，燃油消耗率会增加 2%，HC 排放量增加 16%，NO_x 排放量增加 6%。

与传统的机械方式比较，电控柴油喷射系统具有如下优点：

1）对喷油定时的控制精度高（高于 0.5°CA），反应速度快。

2）对喷油量的控制精确、灵活、快速，喷油量可随意调节，可实现预喷射和后喷射，改变喷油规律。

3）喷油压力高（高压共轨电控喷油系统高达 200MPa），不受发动机转速影响，优化了燃烧过程。

4）磨损零部件少，长期工作稳定性好。

5）结构简单，可靠性好，维修方便，适用性强，可以在新、老发动机上应用。

6）具有自诊断、检测功能。

5.4.2　电控柴油喷射系统的组成及类型

1. 电控柴油喷射系统的组成

电控柴油喷射系统由传感器、电子控制单元（ECU）和执行机构三部分组成。传感器采集转速、温度、压力、流量和加速踏板位置等信号，并将实时检测的参数输入计算机。ECU 是电控系统的"指挥中心"，对来自传感器的信息与储存的参数进行比较、分析、运算，确定最件运行参数。执行机构按照最佳参数对喷油压力、喷油量、喷油时间、喷油规律等进行控制，驱动喷油系统，使柴油机达到最佳工作状态。

2. 电控柴油喷射系统的分类

柴油机电控喷射系统根据喷油量的控制方式可以分为三大类：位置控制系统、时间控制系统及时间—压力控制系统。

第一代柴油机电控喷射系统采用位置控制系统。它不改变传统的喷油系统的工作原理和基本结构，只是采用电控组件，代替调速器和供油提前器，对分配式喷油泵的调节套筒或柱塞式喷油泵的供油齿杆的位置，以及油泵主动轴和从动轴的相对位置进行调节，以控制喷油量和喷油定时。其优点是：无需对柴油机的结构进行较大改动，生产继承性好，便于对现有机型进行技术改造；缺点是：控制系统执行频率响应仍然较慢、控制频率低、控制精度不够稳定。喷油量和喷油压力难以控制，而且不能改变传统喷油系统固有的喷射特性，因此很难较大幅度地提高喷射性能。

第二代柴油机电控喷射系统采用时间控制方式，其特点是在高压油路中，利用电磁阀直接控制喷油开始时间和结束时间，以改变喷油量和喷油定时。它具有直接控制、响应快及喷射压力高（峰值压力可达 240MPa）等优点，主要缺点是无法实现喷油压力的灵活调节，且较难实现预喷射或分段喷射。

第三代柴油机电控系统是采用压力—时间控制方式（共轨式）。共轨式电控燃油喷射系统是比较理想的燃油喷射系统，它不再采用喷油系统柱塞泵分缸脉动供油的原理，而是用一个设置在喷油泵和喷油器之间、具有较大容积的共轨管，把高压油泵输出的燃油蓄积起来并稳定压力，再通过高压油管输送到每个喷油器上，由喷油器上的电磁阀控制喷射的开始和终止。电磁阀起作用的时刻决定喷油定时，起作用的持续时间和共轨压力决定喷油量。由于该系统采用压力—时间式燃油计量原理，因此又可称为压力—时间控制式电控喷射系统。按其共轨压力的高低，又分为高压共轨、中压共轨和低压共轨三种。

5.4.3　柴油机电控燃油喷射系统传感器

柴油机电控燃油喷射系统传感器大多与汽油机类似，有些甚至完全相同，在此仅介绍柴油机电控燃油喷射系统主要传感器的结构原理。

1. 加速踏板位置传感器

在使用传统柴油机的工程机械上，驾驶员通过加速踏板由机械装置直接控制高压油泵来实现循环供油量控制，而在使用电控柴油机的工程机械上，利用加速踏板位置传感器（见图 5-10）来检测加速踏板被驾驶员踩下的位置，并将加速踏板位置信号输送给 ECU，再由 ECU 通过控制供（喷）油量的执行元件来控制循环供（喷）油量。

加速踏板位置传感器又称为柴油机负荷传感器，常用的有三种类型：电位计式、差动电感式和霍尔式。

2. 凸轮轴/曲轴位置传感器

柴油机凸轮轴/曲轴位置传感器主要有电磁感应式和霍尔式两种，其结构原理及检修方法与汽油机凸轮轴/曲轴位置传感器完全相同。在第一代柴油机电控燃油喷射系统中，安装在直列柱塞泵中的正时传感器和安装在分配泵内的泵角传感器都是用来检测泵轴转角和基准位置的，其类型和工作原理与凸轮轴/曲轴位置传感器相同。

3. 供（喷）油量传感器

供（喷）油量传感器用来检测柴油机的实际供（喷）油量，产生的信号用来实现供（喷）油量的闭环控制。供（喷）油量传感器主要包括直列柱塞泵供油齿条（或拉杆）位置传感器、分配泵油量控制滑套位置传感器、无压力室喷油器针阀升程传感器。

供油齿条（或拉杆）和滑套位置传感器（包括加速踏板位置传感器）通常采用差动电感式，针阀升程传感器通常采用霍尔式。

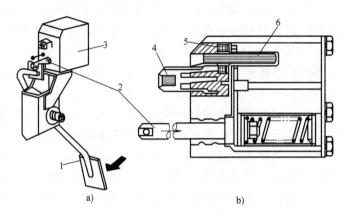

图 5-10　加速踏板位置传感器
a）传感器外形　b）内部结构
1—加速踏板　2—推杆　3—加速踏板位置传感器
4—线束插接器　5—感应线圈　6—衔铁

4. 供（喷）油正时传感器

供（喷）油正时是影响柴油机动力性、经济性、排放性和噪声大小的重要因素之一，因此在柴油机电控燃油喷射系统中，对供（喷）油正时均采用闭环控制。供（喷）油正时传感器就是用来检测柴油机实际供（喷）油正时的传感器，它向 ECU 提供供（喷）油正时闭环控制所需的反馈信号。

在柴油机电控燃油喷射系统中，检测实际供（喷）油正时的方法不同，所采用的传感器也不同。在直列柱塞泵电控系统中，通过检测泵凸轮轴的基准位置和转角来确定实际供油正时，正时传感器的结构类型和工作原理类似凸轮轴/曲轴位置传感器。在分配泵"位置控制"方式的电控燃油喷射系统中，通过检测正时调节器活塞的位置来确定供油正时，正时活塞位置传感器的结构类型和工作原理类似加速踏板位置传感器。

5. 压力传感器

柴油机电控系统中的压力传感器主要包括：进气管绝对压力传感器、增压压力传感器、大气压力传感器、排气压力传感器、压差传感器及燃油压力传感器。

柴油机电控系统中，应用比较广泛的压力传感器主要有压敏电阻式、压电式（见图 5-11）和电容式三种。

6. 温度传感器

柴油机电控系统中常用的温度传感器主要有进气温度传感器、冷却液温度传感器、燃油温度传感器和排气温度传感器。

进气温度传感器、冷却液温度传感器、燃油温度传感器通常采用热敏电阻式温度传感器。排气温度传感器有热

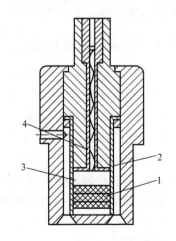

图 5-11　压电式压力传感器
1—压电元件组合　2—单片压电元件
3—接线板　4—电极引线

敏电阻式、热电偶式及熔丝式。

7. 空气流量传感器

在柴油机电控系统中，空气流量传感器（即空气流量计）用来测定发动机的实际进气量，空气流量信号主要用于进气控制和废气再循环控制。

5.5　柴油机燃油供给系统的维修

5.5.1　高压油泵的维修和调试

高压油泵一般在试验台上由专业人员进行调试。首先，将高压油泵安装到试验台上，连接好相应的管路，并按规定给高压油泵及调速器加好润滑油；拆掉供油齿杆盖、冒烟限制器；装上齿条位移测量仪，然后进行供油正时和供油量的检查与调试。

1. 检查调整供油正时

利用试验台飞轮盘上的刻度，选择任意角度作为第一缸供油开始的基准，按发动机各气缸做功顺序，依次检查各气缸供油间隔角，以确定其他各气缸供油正时。例如，CA6110A型柴油机做功顺序为 1—5—3—6—2—4，以第一缸供油开始时刻为基准，当第五缸开始供油时，试验台刻度盘上的指针应正好转过 $60° ± 0.5°$；转过角度过大说明第五缸供油迟后；转过角度过小说明第五缸供油过早，应调整第五缸滚轮体有效高度，使供油间隔角符合要求；按照同样方法，依次检查、调整其他各气缸的供油正时。

2. 调整供油量

将高压油泵低压腔的压力调整到 160kPa，将控制齿杆调到额定供油量位置，并使高压油泵以规定转速运转，然后测量各分泵供油量及其均匀度。调整方法是，松开传动套筒上的齿圈固定螺钉，转动传动套筒来调节喷油量，逆时针转动套筒，供油量增加，反之则减小。调整合适后，拧紧齿圈固定螺钉。

3. 高压油泵的检查

（1）外部检查　用煤油或柴油认真清洗外部，并进行以下外部检查：

1）观察泵体有无裂纹或损伤。

2）检查出油阀压紧座处有无漏油痕迹。

3）检查凸轮轴转动是否灵活，若转动不灵，可能是轴承损坏或柱塞弹簧折断。

4）拆开检查窗盖，检查喷油泵内部是否积水。

5）检查泵体内机油是否被柴油严重污染或变质。

6）检查柱塞套筒周围及输油泵与泵壳间是否漏油。

（2）喷油泵零件检查　将柱塞式喷油泵解体后，认真清洗各零件，并进行以下检查（以 A 型泵为例）：

1）检查喷油泵壳体有无损坏或裂纹。

2）检查凸轮轴键槽与半圆键的配合情况，若有松动，应更换键或凸轮轴。

3）检查凸轮轴端锥面和螺纹，若毛糙或损坏，应用油石修磨或更换凸轮轴。

4）检查凸轮轴上的凸轮，若有损伤、变形或严重磨损，应更换凸轮轴。凸轮磨损量一般应不超过 0.5mm。

5）检查凸轮轴的径向圆跳动误差，若超过 0.5mm，应进行冷压校直。

6）检查凸轮轴轴向间隙，若超过 0.15mm，应调整或更换凸轮轴。

7）检查滚轮体和滚轮，若磨损严重或损坏，应更换。检查滚轮与销的配合间隙，若超过 0.2mm，应更换。

8）检查滚轮体与导孔的配合间隙，若超过 0.2mm，应更换。

9）检查柱塞弹簧，若有变形或折断，应更换。

10）检查传动套筒有无裂纹，并检查柱塞凸块与传动套筒槽的配合间隙，若传动套筒有裂纹或与柱塞凸块配合间隙超过 0.2mm，应更换。

11）检查油量调节齿条与齿圈的齿隙，若齿隙超过 0.3mm，应更换。检查齿杆，若有弯曲变形，应更换。

（3）柱塞偶件的检查　将喷油泵解体后，对柱塞偶件应进行以下检查：

1）若柱塞偶件工作面有刻痕、腐蚀或柱塞弯曲、变形等现象，应更换。

2）滑动试验。将柱塞偶件彻底清洗干净后，使其倒置并与水平面倾斜 45°（见图 5-12），轻轻抽出柱塞约 1/3，然后松开，柱塞应能依靠自身重量沿套筒平稳下滑，落到套筒支承面上。如此将柱塞转动几个不同位置，反复试验几次，每次都能符合上述要求，说明柱塞偶件配合良好。

3）密封性试验。如图 5-13 所示，用手指堵住套筒上端孔和侧面进油孔，另一手向外拉柱塞，应感觉有吸力；放松柱塞时，柱塞应能迅速回位。将柱塞转动几个不同位置，反复试验几次，每次都能符合上述要求，说明柱塞偶件配合良好。

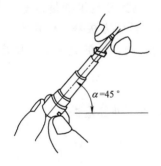

图 5-12　柱塞偶件滑动试验

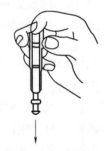

图 5-13　柱塞偶件密封性试验

（4）出油阀偶件的检查　将喷油泵解体后，对出油阀偶件应进行以下检查：

1）目测检查出油阀偶件工作面不应有刻痕及锈蚀，密封锥面应光泽明亮、完整连续，光亮带宽度应不超过 0.5mm，出油阀垫片应完好无损，否则应更换。

2）滑动试验。将出油阀偶件用柴油浸润后，垂直拿住阀座，将阀体从座孔中抽出其配合长度的 1/3，松开后，阀体应能靠自身的重量均匀地落入阀座，无卡滞现象；将阀体转动几个位置，反复试验几次，每次都能符合上述要求，说明出油阀偶件配合良好。

3）检查密封锥面密封性。用拇指和中指拿住出油阀，食指按住出油阀，然后用嘴吸出油阀座下面的孔，若能吸住出油阀，说明密封良好。

4）检查减压环带密封性。如图 5-14 所示，用手指堵住出油阀座下面的孔，向上提起出油阀，在减压环带没有离开阀座时，应感到对手指有吸力；将阀体放入阀座并压下阀体，当松开阀体时应能迅速弹起。

5.5.2　喷油器的维修和调试

1. 喷油器的检修

1）用专用工具从柴油机上拆下喷油器，用铜丝刷将喷油器外部清理干净。

2）机用虎钳钳口用铜皮护住，夹住喷油器体。注意：应将喷油器喷孔朝上。

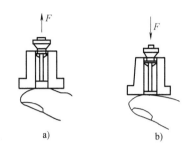

图 5-14　检查出油阀密封性

3）从喷油器体上拧下紧固螺套，拆下针阀、针阀体等零部件，并从喷油器体内取出顶杆。若针阀卡死在针阀体内无法取出，表明针阀已变形，应更换针阀与针阀体偶件。

注意：针阀与针阀体是精密偶件，必须按原配成对放置。针阀要小心放置，防止针阀掉到地上擦伤。

4）松开机用虎钳，将喷油器掉转成头朝下并重新夹住，拧下调压螺钉护帽和调压螺钉，取出调压螺钉垫圈、调压弹簧和弹簧座等零件。

5）用直径合适的专用清洁针清除喷孔内的积炭，用柴油清洗喷油器各零部件。

6）检查针阀。若发现其密封锥面或导向面暗淡无光，表明针阀已磨损；针阀前端有暗黄色的伤痕，表明针阀因过热而拉毛；针阀导向面有咬住或黏滞的痕迹，表明针阀已变形。发现上述任何情况之一，均应更换针阀与针阀体偶件。

7）检查针阀体。针阀体前端伸入燃烧室内部分承受热应力大，如果有严重烧蚀现象，应更换针阀与针阀体偶件。

8）检查针阀与针阀体的配合情况。针阀与针阀体清洗干净后，将针阀放入针阀体，使其倾斜 45°，抽出针阀的 1/3，放松后，针阀应能靠自重均匀、缓慢地滑入针阀体；若有黏滞现象，应将针阀与针阀体偶件放入柴油中进行研磨，直到符合要求为止；若针阀下滑时有严重的黏滞现象，表明有变形，应更换针阀与针阀体偶件。

9）按分解相反的顺序装复喷油器，并检查其性能。

2. 喷油器性能的检查与调试

首先将喷油器安装在专用试验台的高压油管上，如图 5-15 所示。

1）检查喷油器密封性。连续压动喷油器试验台上的泵油手柄，同时用螺钉旋具拧动喷油器上的调压螺钉，使喷油压力调整到 20MPa 以上，然后测量油压从 20MPa 下降到 18MPa 所需时间，应不小于 9～12s，否

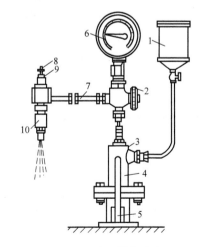

图 5-15　喷油器实验台

1—油箱　2—开关　3—放气螺钉　4—手动高压泵
5—泵油手柄　6—油压表　7—高压油管
8—调压螺钉　9—锁紧螺母　10—喷油器

则说明针阀与针阀体圆柱面配合间隙过大。然后，拧动喷油器调压螺钉，并连续压动泵油手柄，将喷油压力调整到比规定的标准喷油压力低 2MPa，喷油器在 10s 内不能有渗油甚至滴油现象，否则说明针阀与针阀体密封锥面密封不良。

2) 调整喷油压力。在喷油器试验台上，以 60 次/min 的频率压动泵油手柄，当喷油器开始喷油时，油压表上的指示压力即为喷油器的喷油压力，喷油压力若不符合规定标准应予调整。调整时，用螺钉旋具拧进喷油器调压螺钉，可使喷油压力增大，反之喷油压力降低。

3) 喷雾试验。在喷油器试验台上，按规定喷油压力，并以 60 ~ 80 次/min 的频率压动泵油手柄，使喷油器喷油。具体要求为：喷出的柴油呈雾状，且分布均匀，没有喷柱分枝、油滴飞溅等现象；喷柱平直，不能有弯曲；断油干脆，并伴有清脆的声响；在多次喷油后，喷孔周围应干燥或稍许湿润。若不符合上述任何一项要求，应更换喷油器针阀与针阀体偶件。

5.5.3 柴油机燃油电控系统主要元件的检测

在对柴油机电控系统进行检测和故障诊断时，需要掌握系统的检测方法和步骤，切不可随意乱动或用一般电路故障的检查方法进行检查。

1. 加速踏板位置传感器的检测

用万用表检测柴油机加速踏板位置传感器的方法如下：

1) 拆开传感器的线束插接器，在传感器侧分别测量怠速开关信号端子、强制降档开关信号端子与开关搭铁端子之间的导通情况。加速踏板完全放松时，怠速开关信号端子与开关搭铁端子之间应导通，踩下加速踏板时应不导通；加速踏板踩到底时，强制降档开关信号端子与开关搭铁端子之间应导通，加速踏板踩下深度小于 95% 时，应不导通。

2) 缓慢踩下加速踏板，测量加速踏板位置信号端子与电源端子（或搭铁端子）之间的电阻，应缓慢踩下加速踏板而平稳地变化。

3) 打开点火开关，在线束侧测量电源端子之间的电压，应为 5V。若没有电压，则检查 ECU 上相应端子的电压；若 ECU 上相应端子的电压正常，则为说明 ECU 至传感器之间的线路有故障；若 ECU 上相应端子没有电压，则说明 ECU 有故障。

4) 插接好线束插接器，打开点火开关，用万用表测量加速踏板位置信号端子与搭铁端子之间电压，其电压值应随加速踏板开度变化在 0.5 ~ 4.5V 之间变化。

2. 凸轮轴/曲轴位置传感器的检测

1) 拆开线束插接器，打开点火开关，在线束侧测量电源端子与搭铁端子之间的电压，正常为蓄电池电压。

2) 关闭点火开关，在传感器侧分别测量电源端子与信号端子和搭铁端子之间的电阻，电阻值均应为无穷大，否则说明传感器损坏。

3) 插接好线束插接器，发动机工作时，测量信号端子与搭铁端子之间的电压，正常应有脉冲信号输出。

现代工程机械柴油机电控系统是一个较复杂的机电一体化综合控制系统，由于电控柴油机结构的多样化，在诊断检测故障时，需要系统全面地掌握整个系统的结构、原理和电气线路。

复习思考题

5-1　柴油机燃料供给系统的组成有哪些?

5-2　柴油机燃烧过程是如何划分的?

5-3　柱塞式高压油泵的组成有哪些?

5-4　简述柱塞式高压油泵的工作原理。

5-5　柴油机燃油系统的维修包括哪些内容?

第6章　汽油机点火系统

本章重点讲述了汽油机普通电子点火系统和电控点火系统的组成、功能、各主要零件的结构原理及检修方法。

6.1　概述

6.1.1　点火系统的功用

汽油发动机在压缩行程终了时采用高压电火花点火。为了在气缸中定时地产生高压电火花，汽油发动机设置了专门的点火系统。

点火系统的性能对发动机的工作有十分重要的影响。点火系统的基本功用是在发动机各种工况和使用条件下，在气缸内适时、准确、可靠地产生电火花，以点燃可燃混合气，使汽油发动机实现做功。点火及时是要求点燃混合气的时间适当，汽油机最佳的点火时间应保证缸内最高压力点出现在压缩上止点后 $10° \sim 15°$ 曲轴转角，此时发动机的性能最好；点火可靠是要求产生的电火花有足够的能量，以保证能点燃气缸内的混合气。

汽油机工作中，点火系统点燃混合气的时间一般用点火提前角表示。点火提前角是指某气缸的火花塞跳火到该气缸活塞运动至压缩上止点时曲轴转过的角度。

6.1.2　汽油机点火系统的类型

汽油机点火系统按所用电源不同可分为磁电机点火系统和蓄电池点火系统。在发动机工作时，由蓄电池或发电机向点火系统提供电能的称为蓄电池点火系统，而由磁电机向点火系统提供电能的称为磁电机点火系统。车用汽油发动机均采用蓄电池点火系统。

汽油机点火系统在产生电火花前，都必须将从电源获取的能量贮存起来，以便在瞬间释放产生高压电火花。按贮存能量的元件不同，汽油机点火系统又可分为电感储能式点火系统和电容储能式点火系统。电感储能式点火系统将点火能量以磁场能量的方式贮存在电感线圈（点火线圈）中，电容储能式点火系统将点火能量以电场能量的方式贮存在电容中。车用汽油机的点火系统一般都属于电感储能式点火系统。

汽油机点火系统最主要的功能是控制点火提前角。根据对点火提前角的控制方式不同，车用汽油机的点火系统可分三种类型：传统点火系统、电子点火系统和电控点火系统。

1. 传统点火系统

传统点火系统又称机械触点式点火系统，它利用机械触点控制点火提前角，并利用机械离心装置和真空装置对点火提前角进行自动调节。发动机工作时，为保证点火顺序，传统点火系统利用分电器给各缸配电。

传统点火系统的结构简单、成本低，在汽油机上应用最早（传统点火系统在发动机上的使用已有近一个世纪的历史）。但由于机械触点的存在，导致其点火能量低、工作可靠性差、对火花塞积炭敏感、对无线电干扰大，已不能适应现代发动机发展的要求。点火性能好、工作可靠、点火提前角控制精度更高的电子点火系统已成为现代发动机点火系统的主流，传统点火系统已逐渐被淘汰。

2. 电子点火系统

普通电子点火系统的功能和工作原理与传统点火系统基本相同，只是控制点火提前角的元件用电子点火器取代了断电器，它利用晶体管的导通和截止来控制点火线圈一次绕组回路的通断，而晶体管的导通与截止则用点火信号发生器产生的信号来控制。电子点火系统仍保留了机械离心式和真空式点火提前角自动调节装置。

汽油机电感储能式电子点火系统，按点火信号发生器的结构原理不同，又分为电磁式、霍尔式和光电式三种类型。电磁式电子点火系统的点火信号发生器利用电磁感应原理产生点火信号，霍尔式电子点火系统的点火信号发生器利用霍尔效应原理产生点火信号，光电式电子点火系统的点火信号发生器利用光电效应产生点火信号。

3. 电控点火系统

在电控点火系统中，由 ECU 来控制和修正点火提前角，甚至可取消分电器，完全取消机械装置，成为全电子点火系统。电控点火系统由于减少甚至取消了机械装置，与其他点火系统相比，不仅点火提前角的控制精度更高，而且能量损失少、对无线电干扰小、工作可靠。

电控点火系统除点火提前角控制功能外，还具有爆燃控制、通电时间控制等功能。随着电子控制技术的发展和普及，电控点火系统的应用也越来越多。

6.1.3　点火系统的基本要求

点火系统应在发动机各种工况和使用条件下保证可靠而准确地点火。因此，点火系统应满足以下基本要求。

1. 能产生足以击穿火花塞两电极间隙的电压

产生能击穿火花塞两电极之间间隙的电火花所需要的电压，称为火花塞击穿电压。火花塞击穿电压的大小与电极之间的距离（火花塞间隙）、气缸内的压力与温度、电极的温度以及发动机的工作状况等因素有关。

电极间隙越大，电极周围气体中的电子和离子距离越大，受电场力的作用越小，越不易发生碰撞电离，因此要求有更高的击穿电压方能点火。

气缸内的压力越大或者温度越低，则气缸内可燃混合气的密度越大，单位体积中的气体分子的数量越多，离子自由运动的距离越小，就越不易发生碰撞电离。只有提高加在电极上的电压，增大作用于离子上的电场力，使离子的运动加速才能发生离子间的碰撞电离，使火花塞电极间隙击穿。因此，气缸内的压力越大或者温度越低，所要求的火花塞击穿电压越高。

电极的温度对火花塞击穿电压也有影响。电极的温度越高，包围在电极周围的气体的密度越小，越容易发生碰撞电离，所需的火花塞击穿电压越小。试验证明，当火花塞的电极温度超过混合气的温度时，击穿电压可降低 30% ~50%。

发动机工况不同时，火花塞的击穿电压将随发动机的转速、负荷、压缩比、点火提前角以及混合气浓度的变化而变化。

起动时的击穿电压最高，因为气缸壁、活塞及火花塞电极都处于冷态，吸入的混合气温度低、雾化不良。压缩时混合气的温度升高不大，加之火花塞电极间可能积有汽油或机油，因此所需击穿电压最高。此外，发动机加速时，由于大量冷的混合气被突然吸入气缸内，也需要较高的击穿电压。试验表明，发动机正常运行时，火花塞的击穿电压为 7 ~ 8kV，冷发动机起动时约达 19kV。为了使发动机在各种不同的工况下均能可靠点火，要求火花塞击穿电压达到 15 ~ 20kV。

2. 电火花应具有足够的点火能量

为使混合气可靠点燃，火花塞产生的火花应具备一定的能量。发动机工作时，由于混合气压缩时的温度接近自燃温度，因此所需火花能量较小（1 ~ 5mJ），传统点火系统能发出 15 ~ 50mJ 的火花能量，足以点燃混合气。但在起动、怠速以及突然加速时需较高的点火能量。为保证可靠点火，一般应保证 50 ~ 80mJ 的点火能量，起动时应能产生大于 100mJ 的点火能量。

3. 点火时刻应与发动机的工作状况相适应

首先，发动机的点火时刻应满足发动机工作循环的要求；其次，可燃混合气在发动机的气缸内从开始点火到完全燃烧需要一定的时间（千分之几秒），所以要使发动机产生最大的功率，就不应在压缩行程终了（上止点）点火，而应适当地提前一个角度，这样当活塞到达上止点时，混合气已经接近充分燃烧，发动机才能发出最大功率。

6.1.4 点火系统的特点

发动机的点火系统一般采用单线制连接，即电源的一个电极用导线与各用电设备相连，而电源的另一个电极则通过发动机机体、底盘等金属构件与各用电设备相连，称为搭铁，其性质相当于一般电路中的接地。搭铁的电极可以是正极也可以是负极。

因为热的金属表面比冷的金属表面容易发射电子，发动机工作时，火花塞的中心电极较侧电极温度高，因而电子容易从中心电极向侧电极发射，使火花塞间隙处离子化程度高，火花塞间隙容易被击穿，击穿电压可降低 15% ~ 20%。因此，无论电路系统采用正极搭铁还是负极搭铁，点火线圈的内部连接或外部接线，均应保证点火瞬间火花塞中心电极为负极，即火花塞电流应从火花塞的侧电极流向中心电极。由于各种电子设备的广泛应用，目前大多数工程机械的用电系统都改为负极搭铁。

6.2 电子点火系统的组成

6.2.1 电子点火系统的基本组成

电子点火系统主要由电源、点火开关、点火线圈、点火信号发生器、电子点火器、分电器、高压线及火花塞等组成，如图 6-1 所示。电源为蓄电池或发电机，功用是向点火系统提供点火能量；点火开关的功用是接通或断开电源电路；电子点火器内的大功率晶体管与点火线圈的一次绕组串联，并与电源、点火开关和搭铁构成点火线圈一次绕组的低压回路。点火信号发生器安装在分电器总成，点火信号发生器的转子由分电器轴驱动。

发动机工作时，点火信号发生器产生脉冲信号输送给电子点火器，脉冲信号控制点火器内晶体管的导通与截止。当输入点火器的脉冲信号使晶体管导通时，点火线圈一次绕组回路接通，贮存点火所需的能量；当输入点火器的脉冲信号使晶体管截止时，点火线圈一次绕组回路断开，二次绕组便产生高压，此高压经配电器和高压线送至火花塞，以完成点火。

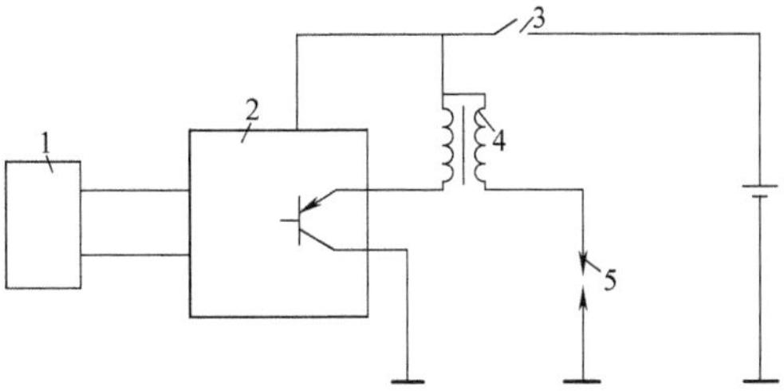

图 6-1　普通电子点火系的组成图
1—点火信号发生器　2—电子点火器
3—点火开关　4—点火线圈　5—火花塞

6.2.2　点火线圈

点火线圈是将电源的低压电转变成高压电的基本元件，按磁路的结构形式不同，点火线圈可分为开磁路点火线圈和闭磁路点火线圈两种。

1. 开磁路点火线圈

开磁路点火线圈的结构如图 6-2 所示。点火线圈的中心是用硅钢片叠成的铁心，在铁心外面套有绝缘的纸板套管，点火线圈的一次绕组和二次绕组分层绕在套管上。二次绕组用直径为 $\phi0.06 \sim \phi0.10mm$ 的漆包线绕 11000 ~ 23000 匝，一次绕组用直径为 $\phi0.5 \sim \phi1.0mm$ 的高强度漆包线绕 230 ~ 270 匝，由于一次绕组的通过电流大，产生的热量多，所以将其绕在二次绕组的外面，以利于散热。点火线圈绕组与外壳之间装有导磁钢套，上部有绝缘胶木盖，下部有瓷质绝缘座。为加强绝缘并防止潮气浸入点火线圈，外壳内一般都充满沥青或变压器油，所以这种开磁路点火线圈也称之为湿式点火线圈。

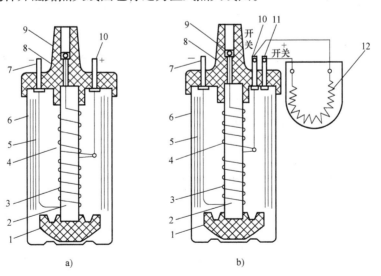

图 6-2　开磁路点火线圈
a）二低压接线柱式　b）三低压接线柱式
1—绝缘座　2—铁心　3—一次绕组　4—二次绕组　5—导磁钢套　6—外壳
7—低压接线柱"－"　8—胶木盖　9—高压接线柱　10—低压接线柱"＋"或"开关"
11—低压接线柱"＋开关"　12—附加电阻器

当点火线圈的一次绕组电路接通时，铁心被磁化，其磁路如图6-3所示。由于磁路的上、下部分需经过空气，外围需经过壳体内的导磁钢套才能形成回路，铁心本身不能构成回路，所以称开磁路点火线圈。开磁路点火线圈的磁阻大，漏磁损失多，能量转换效率低。

2. 闭磁路点火线圈

闭磁路点火线圈的结构和磁路如图6-4所示。闭磁路点火线圈的铁心为"日"字形，本身构成闭合磁路。为减少铁心的磁滞现象，在磁路中留有一个微小空气隙。闭磁路点火线圈的壳体内，采用热固性树脂作为填充物，所以又称之为干式点火线圈。

与开磁路点火线圈相比，闭磁路点火线圈的磁阻小，漏磁损失小，能量转换效率高。此外，闭磁路点火线圈的壳体通常以热熔性塑料注塑成型，填充物采用热固性树脂，使其绝缘性和密封性均优于开磁路点火线圈。闭磁路点火线圈体积的日益小型化，使其能直接安装在分电器盖上，不仅可省去点火线圈与分电器之间的高压线，而且使点火系统结构更紧凑，所以在电子点火系统中得到广泛应用。

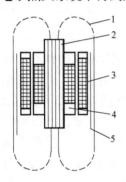

图6-3 开磁路点火线圈的磁路
1—磁力线 2—铁心 3——次绕组
4—二次绕组 5—导磁钢套

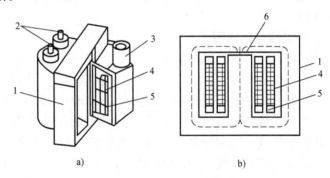

图6-4 闭磁路点火线圈的结构和磁路
a）结构 b）磁路
1—铁心 2—低压接线柱 3—高压接线柱
4——次绕组 5—二次绕组 6—空气隙

6.2.3 信号发生器

点火信号发生器是电感储能式普通电子点火系统中的重要元件，一般安装在分电器内，其功用是产生控制电子点火器的脉冲信号。根据结构和工作原理的不同，点火信号发生器可分为电磁式、霍尔式和光电式三种类型。

1. 电磁式点火信号发生器

在电磁式电子点火系统中，点火信号发生器利用电磁感应原理产生触发电子点火器的信号，所以称之为电磁式点火信号发生器。电磁式电子点火系统主要由电源、点火开关、点火线圈、点火信号发生器、电子点火器、分电器和火花塞等组成，如图6-5所示。

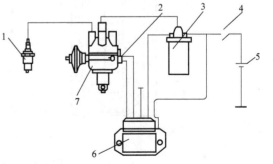

图6-5 电磁式电子点火系统的组成
1—火花塞 2—点火信号发生器 3—点火线圈
4—点火开关 5—蓄电池 6—电子点火器
7—分电器总成

电磁式点火信号发生器的结构主要由永久磁铁、转子、铁心、感应线圈等组成，如图 6-6a 所示。永久磁铁、铁心、感应线圈等组成电磁感应式点火信号发生器的定子总成，一般安装在分电器内的活动底板上。转子上有与发动机气缸数相同的凸齿，由分电器轴驱动。

电磁式点火信号发生器的工作原理如图 6-6b 所示。当发动机工作时，分电器轴带动信号发生器的转子旋转，使转子与铁心之间的空气隙发生有规律的变化，因此穿过感应线圈的磁通量也发生有规律的变化，从而在感应线圈中产生感应电动势，如图 6-6c 所示。

2. 霍尔式点火信号发生器

霍尔式电子点火系统的主要标志是点火信号发生器利用霍尔效应产生点火信号，霍尔式点火信号发生器主要由分电器轴带动的触发叶轮、永久磁铁及霍尔元件等组成，如图 6-7 所示。分火头与触发叶轮制成一体，由分电器轴驱动，且触发叶轮的叶片数与发动机的气缸数相等。

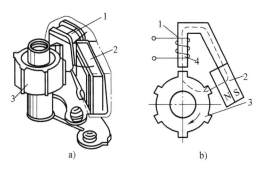
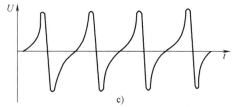

图 6-6 电磁式点火信号发生器
a) 结构 b) 工作原理 c) 点火信号波形
1—感应线圈 2—永久磁铁 3—转子 4—铁心

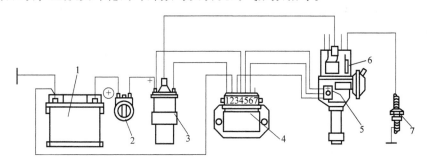

图 6-7 霍尔式电子点火系统的组成图
1—蓄电池 2—点火开关 3—点火线圈 4—电子点火器
5—点火信号发生器 6—分电器 7—火花塞

霍尔式点火信号发生器的工作原理如图 6-8 所示。当发动机工作时，分电器轴带动触发叶轮转动，当触发叶轮的叶片进入永久磁铁和霍尔元件之间的空气隙时，原来垂直进入霍尔元件的磁力线即被触发叶轮的叶片遮住，霍尔元件磁路被触发叶轮的叶片旁路，因此霍尔元件不产生霍尔电压。当触发叶轮的叶片转过空气隙后，永久磁铁的磁力线则可垂直进入霍尔元件，在霍尔元件中便会产生霍尔电压。由于触发叶轮有 4 个叶片，每转一周点火信号发生器便可产生 4 个脉冲信号，将此信号输送给电子点火器以控制点火系统工作。

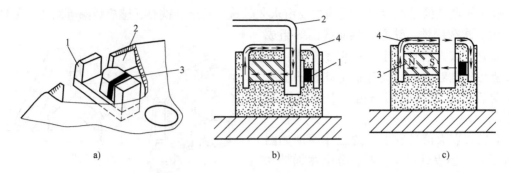

图6-8 霍尔式点火信号发生器工作原理

a）结构原理 b）叶片进入空气隙 c）叶片转过空气隙

1—霍尔元件 2—触发叶轮叶片 3—永久磁铁 4—导磁板

3. 光电式点火信号发生器

光电式电子点火系统的组成与电磁式电子点火系统、霍尔式电子点火系统基本相同，主要由蓄电池、点火开关、点火线圈、点火控制器、光电式点火信号发生器和分电器等组成。

光电式点火信号发生器的结构如图6-9所示，主要由发光二极管、光敏晶体管和转子三部分组成。作为光源的发光二极管可发出红外线光束，光敏晶体管则为光接收器，当红外线光束照射到光敏晶体管上时，光敏晶体管导通。转子位于发光二极管与光敏晶体管之间，转子的外缘上有与发动机气缸数相等的缺口。

光电式点火信号发生器的工作原理如图6-10所示。发动机工作时，分电器轴通过离心点火提前角调节器驱动转子旋转，当转子上的缺口通过发光二极管与光敏晶体管之间时，发光二极管所发出的光束直接照到光敏晶体管上，光敏晶体管便产生一个脉冲信号。转子每转1圈，光电式点火信号发生器产生与发动机气缸数相等数量的脉冲信号，该信号输送给电子点火器，以控制点火系统的工作。

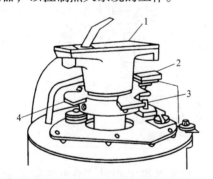

图6-9 光电式点火信号发生器

1—分火头 2—发光二极管

3—光敏晶体管 4—转子

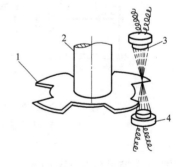

图6-10 光电式点火信号发生器的工作原理

1—转子 2—转子轴

3—发光二极管 4—光敏晶体管

6.2.4 分电器

分电器主要由配电器、离心式点火提前角调节器和真空式点火提前角调节器等组成，如

图 6-11 所示。与传统点火系统中的分电器相比，普通电子点火系统中的分电器只是用点火信号发生器代替了断电器，分电器内仍保留有传统的配电器、机械离心式点火提前角自动调节器和真空式点火提前角自动调节器。

1. 配电器

配电器的功用是按点火顺序将点火线圈产生的高压电输送给各缸的火花塞。配电器主要由分电器盖和分火头组成。分电器盖的中央有一高压线插孔，插孔内装有带弹簧的电刷，电刷靠其弹簧压在分火头的导电片上。分电器盖中央插孔的周围均布有各缸分高压线插孔，插孔内有金属套连接着分电器盖内的旁电极，通过分高压线将各旁电极分别与各缸火花塞连接。分火头安装在点火信号发生器转子上，发动机工作时，分火头随点火信号发生器转子一起旋转，分火头导电片在距离旁电极 0.2～0.8mm 的平面内转过，当点火线圈一次绕组回路断开时，点火线圈二次绕组产生的高压电由分火头导电片跳至与其相对的旁电极，再经分高压线送至火花塞电极。

2. 离心式点火提前角调节器

离心式点火提前角调节器的功用是根据发动机转速的变化自动调节点火提前角。离心式点火提前角调节器安装在分电器内的底板下部，如图 6-12 所示。

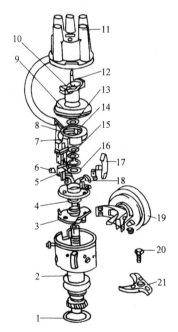

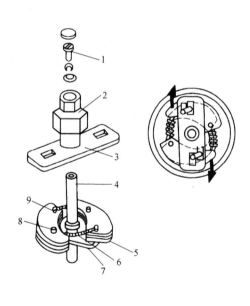

图 6-11　分电器的组成图
1、4、15、16—垫圈　2—分电器壳　3—底板
5—插座　6、14—定位销　7—插头　8—叶轮
9—防尘罩　10—分火头　11—分电器盖　12—电刷
13—挡圈　17—固定夹　18—点火信号发生器
19—真空式提前器　20—固定螺栓　21—压板

图 6-12　离心式点火提前角调节器的结构
1—点火信号发生器转子固定螺钉　2—点火信号
发生器转子　3—拨板　4—分电器轴　5—离心飞块
6—飞块回位弹簧　7—托板　8—拨板销　9—飞块销轴

发动机转速提高时，离心飞块在离心力作用下绕其销轴向外甩开，离心飞块上的拨板销推动拨板连同点火信号发生器转子顺其旋转方向相对分电器轴转过一定角度，使点火信号发

生器产生脉冲信号的时刻自动提前，即点火提前角增大。反之，当发动机转速降低时，由于离心飞块的离心力减小，回位弹簧将离心飞块拉拢，点火信号发生器转子逆其旋转方向相对分电器轴转过一定角度，点火提前角自动减小。

离心式点火提前角调节器的工作特性取决于两个弹簧的总刚度（两个弹簧的刚度可以相同，也可不同）。如果两个弹簧的刚度不同，那么在发动机转速较低时，刚度小的弹簧先起作用，提前角增加较快；在发动机转速较高时，两个弹簧同时起作用，提前角增加的幅度减慢。为满足发动机的工作需要，离心飞块的回位弹簧通常由一粗一细两根弹簧组成，较细的弹簧只要离心飞块甩开就起作用，而粗弹簧两端的钩环为椭圆形，只有发动机转速提高到一定程度，离心飞块甩开到一定角度时才能起作用。发动机在高速范围内运转时，由于两弹簧同时起作用，随发动机转速的提高，点火提前角的增量减小。

3. 真空式点火提前角调节器

真空式点火提前角调节器安装在分电器壳的侧面，其功用是根据发动机负荷的变化自动调节点火提前角——随着发动机负荷增大自动地减小点火提前角。真空式点火提前角调节器的结构和工作原理如图 6-13 所示，其壳体内装有膜片，膜片左侧气室通大气，并用拉杆将膜片与分电器内的活动底板连接；膜片右侧气室装有膜片回位弹簧，并通过真空管与节气门附近的取真空口相通。发动机负荷减小时，取真空口的真空度增大，使膜片克服膜片回位弹簧作用力向右拱曲，并通过推杆拉动分电器内的活动底板，使其逆时针方向转过一定角度。由于分电器内的活动底板连同点火信号发生器的定子总成一起转动，且转动方向与点火信号发生器转子旋转方向相反，所以点火信号发生器产生脉冲信号的时刻提前，点火提前角增大。反之，发动机负荷增大时，膜片在膜片弹簧作用下向左拱曲，点火提前角减小。

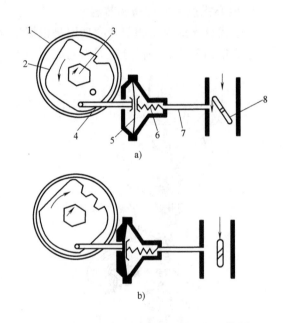

图 6-13　真空式点火提前角调节器的工作原理
a) 负荷减小时　b) 负荷增大时
1—分电器壳　2—分电器活动底板　3—信号发生器转子
4—推杆　5—膜片　6—膜片回位弹簧
7—真空管　8—节气门

发动机怠速运转时，节气门接近关闭，发动机的负荷几乎为零，这时取真空口位于节气门上方，其真空度几乎为零，膜片回位弹簧的张力使膜片拱曲到最左的位置，使真空点火提前调节量最小或为零，以满足发动机怠速工况点火提前角小或不提前的要求。

6.2.5　火花塞

1. 火花塞的结构

火花塞的功用是将点火线圈产生的高压电引入燃烧室，并在两个电极之间产生电火花，以点燃可燃混合气。火花塞主要由中心电极、侧电极、壳体和绝缘体等组成，其结构如图 6-

14 所示。

火花塞的绝缘体固定在钢制壳体内，以保证中心电极与侧电极之间绝缘。在绝缘体中心孔中装有金属杆和中心电极，金属杆顶端与分高压线插线螺母相连，金属杆底端与中心电极之间用导体玻璃密封。中心电极用镍锰合金制成，具有良好的耐高温、耐蚀和导电性能。壳体下端是弯曲的侧电极，它与中心电极之间保持一定的间隙。火花塞通过壳体上的螺纹安装在气缸盖上，铜制密封垫圈可起到密封和传热作用。火花塞中心电极与侧电极之间的间隙，称为火花塞间隙。火花塞间隙对火花塞及发动机的工作性能都有很大影响。间隙过小，火花微弱，并容易产生积炭而漏电；间隙过大，火花塞击穿电压增高，发动机不容易起动，且在高速时容易发生"缺火"现象。因此，火花塞间隙的大小应适当。在传统点火系统中，火花塞间隙一般为 0.6~0.7mm；若采用电子点火，则间隙增加到 1.0~1.2mm。火花塞间隙的调整可通过扳动侧电极来实现。

2. 火花塞的热特性

发动机工作时，火花塞发火部位吸收热量并向冷却系统散发的性能，称为火花塞的热特性。

试验表明，发动机工作时火花塞绝缘体裙部的温度若保持在 500~700℃ 时，能使落在绝缘体裙部的油粒立即燃烧，不容易产生燃烧室积炭，这个温度称为火花塞的自洁温度。若裙部温度低于自洁温度，落在绝缘体上的油粒不能立即烧掉，形成积炭，导致火花塞漏电而不跳火；若裙部温度过高，容易引起发动机早火和爆燃等不正常现象。

火花塞绝缘体裙部的温度取决于其受热情况和散热条

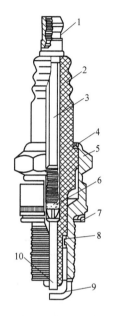

图 6-14 火花塞构造图
1—插线螺母 2—瓷绝缘体
3—金属杆 4、8—内垫圈 5—壳体
6—导体玻璃 7—密封垫圈
9—侧电极 10—中心电极

件。火花塞绝缘体裙部越长，受热面积大而传热距离长，火花塞裙部的温度越高；火花塞绝缘体裙部越短，则受热面积小而传热距离短，火花塞裙部的温度越低。

国产火花塞的热特性是以火花塞绝缘体裙部的长度来标定的，并分别用热值（1~11 的自然数）来表示，热值代号为 1~3 的称为热型火花塞，热值代号为 4~6 的称为中型火花塞，热值代号为 7~11 的称为冷型火花塞。

为保证发动机的正常工作，不同类型的发动机应配用不同热值的火花塞。热型火花塞适用于低速、低压缩比的小功率发动机，冷型火花塞则适用于高速、高压缩比的大功率发动机。

6.3 电控点火系统

电控电子点火系统是现代发动机集中控制系统中的一个子系统，因此又称电控点火系统，与传统点火系统和普通电子点火系统相比，电控点火系统彻底取消了断电器、离心式点火提前角调节器及真空式点火提前角调节器等机械装置，完全实现了电子控制，而且控制功能更强大、控制精度更高。电控点火系统具有以下特点：

1）在所有的运行工况及各种运行环境下，均可自动获得最佳的点火提前角，使发动机在动力性、经济性、排放性及工作稳定性等方面均处于最佳状态。

2）在整个工作范围内，均可对点火线圈的导通时间进行控制，使线圈中存储的点火能量保持恒定，不仅提高了点火的可靠性，同时又可有效地减少能源消耗，防止线圈过热。此外，该系统很容易实现在整个工作范围内提供稀薄燃烧所要求恒定点火能量的目标。

3）采用闭环控制技术，可使发动机燃烧过程控制在接近爆燃的临界状态，以获得最佳的燃烧过程，有利于发动机各种性能的提高。

电控点火系统包括点火提前角控制、通电时间（闭合角）控制和爆燃控制三个方面。

6.3.1 点火提前角控制

汽油机的转速、负荷一定时，其功率和耗油率随点火提前角的改变而变化。对应发动机每一工况都存在一个"最佳"点火提前角，最佳的点火提前角应能保证发动机的动力性、经济性、排放性等综合性能达到最佳。

发动机不同工况下的最佳点火提前角必须通过试验来确定。发动机工作时，ECU 则根据各种传感器的信号来分析发动机的工况，并确定最佳的点火提前角，再通过执行元件以最佳点火提前角来控制发动机工作。

在发动机起动过程中，发动机转速变化大，且由于转速较低，空气流量信号不稳定，ECU 无法正确计算点火提前角，一般将点火时刻固定在设定的初始点火提前角。发动机起动过程中，设定的初始点火提前角预先存储在 ECU 内，设定值随发动机而异，一般为 10° 曲轴转角左右。

发动机起动后正常运转时，ECU 首先根据发动机的转速信号和负荷信号，确定基本点火提前角，再根据其他有关信号进行修正，最后确定实际点火提前角，并向执行元件（点火器）输出点火控制信号，以控制点火系统的工作。

6.3.2 通电时间控制

对于电感储能式电子点火系统，当点火线圈的初级电路被接通后，其初级电流是按指数规律增大的。初级电路被断开瞬间，初级电流所能达到的值（即断开电流）与初级电路接通的时间长短有关，只有通电时间达到一定值时，初级电流才可能达到饱和，而次级电压最大值是与断开电流成正比的，因此必须保证通电时间能使初级电流达到饱和。但如果通电时间过长，点火线圈又会发热并使电能消耗增大。因此要控制一个最佳通电时间，兼顾上述两方面的要求；同时，蓄电池的电压变化也将影响初级电流。如果蓄电池电压下降，那么在相同的通电时间里，初级电流所达到的值将会减小，因此必须对通电时间进行修正。

在电控点火系统中，点火线圈一次绕组的通电时间由 ECU 控制，通电时间控制模型存储在 ECU 内，发动机工作时，ECU 根据发动机转速信号（Ne 信号）和电源电压信号确定合适的通电时间，并向点火器输出指令信号（IGt 信号），以控制点火器中晶体管的导通时间。随发动机转速提高和电源电压下降，通电时间增长。

6.3.3 爆燃控制

发动机爆燃控制是用来确定最大点火提前角，以避免点火过早而超出发动机的爆燃压力极限。为了提高发动机的燃油经济性，并通过提高发动机运行效率来增强其输出的动力性能，通常在发动机正常运行时，点火提前角非常接近于产生爆燃的极限点。当汽油机燃用具有不同辛烷值的混合汽油时，采用发动机爆燃控制能很好地解决汽油机燃用多种辛烷值汽油的要求。

发动机爆燃控制系统利用安装在机体上的爆燃传感器，通过对发动机机体振动的测定来判断发动机是否处于爆燃状态。传感器输出的信号被送到电子控制单元中，并在电子控制单元内进行计算，根据发动机爆燃情况作出是否需要滞后或提前点火时间的指令。

6.4 汽油机点火系统的维修

6.4.1 点火线圈的维修

1. 外观检查

目测观察点火线圈外表，若有脏污或接线柱锈蚀，应进行清洁，然后再作进一步检查；若有胶木盖裂损、接线柱松动、壳体变形、填充物外溢或高压插座接触不良现象，应更换该点火线圈。

2. 绝缘性能的检查

用万用表电阻档测量点火线圈任一接线柱与壳体之间的电阻值，阻值应不小于 $50\text{M}\Omega$，否则说明点火线圈绝缘不良，应更换该点火线圈。

3. 绕组电阻的检查

用万用表电阻档测量点火线圈一次绕组和二次绕组的电阻值，其阻值应符合规定，否则应更换该点火线圈。

4. 附加电阻器的检查

用万用表电阻档测量附加电阻器的电阻值，其阻值应符合规定，否则应更换该点火线圈。

5. 点火线圈性能的检查

点火线圈的性能应在专用的电气试验台上进行测试。

6.4.2 火花塞的检修

火花塞是点火系的重要组成部分，其性能和技术状况对发动机的工作有十分重要的影响。

1. 检查火花塞的技术状况

在发动机工作时，用螺钉旋具将要检查的火花塞短路。若发动机运行状况没有变化，则该缸火花塞工作不良，应检查或更换。可将火花塞拆下，螺纹部分放在机体上，点火线圈中央高压线接火花塞接线螺母。转动发动机时，火花塞间隙中有火花，表明火花塞正常。

2. 火花塞表面状况的检查和积炭清除

火花塞应保持清洁、干燥，电极应完整而无油污和缺陷。检查电极的磨损、积炭和烧蚀现象，绝缘体应无裂痕破损。火花塞绝缘体裙部在正常运行以后，应呈现棕红色。

清除火花塞电极周围的积炭应用喷砂的方法，在火花塞试验器上进行。禁止用铜丝刷洗或放入火中烧灼及敲击等方法，以免绝缘体破裂、受损而致绝缘失效。清除积炭后的火花塞必须用压缩空气吹干净。

3. 火花塞电极间隙的测量和调整

火花塞电极间隙应按各发动机原有规定进行检测调整，一般为 0.60 ~ 0.80mm。由于火花塞电极在工作过程中容易形成凹陷，用普通塞尺测量不够准确，故宜用火花塞圆形量规测量，如图 6-15 所示。调整时应以专用扳钳扳动侧电极，不得扳动或敲击中心电极。

4. 火花塞发火性能的检查

绝缘体如有裂纹，在发动机运行过程中就会发生漏电现象，应在火花塞试验器上进行试验。完好的火花塞应保证在 0.8 ~ 0.9MPa 的空气压力下能连续跳火。对于使用过的火花塞，最低可以在 0.7MPa 压力下试验。在发动机上试验：当发动机怠速运转时，用有绝缘柄的螺钉

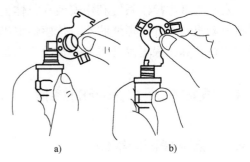

图 6-15　火花塞间隙的测量和调整
a）测量　b）调整

旋具搭于火花塞接线柱上，触及气缸体，使高压电流断路，倾听发动机的运转声音：如发动机运转声音有变化，即说明火花塞工作正常。

6.4.3　普通电子点火系统使用与维护的注意事项

普通电子点火系统使用与维护应注意如下几点：

1）电子点火系统使用高能点火线圈，不能用普通的点火线圈代替。

2）电子点火系统的分火头及高压线接头都具有高压阻尼电阻，以防无线电干扰，不能用普通件来代替。

3）清洗发动机时必须在发动机熄火时进行。

4）连接或断开点火系统的线路，或连接检测仪表时，应在发动机熄火状态下进行。

5）当点火系统有故障，由其他车辆拖行时，须将点火控制器的插头拔下。

6.4.4　点火正时的调整

点火正时通常按如下步骤进行：

1）打开分电器盖，检查触点间隙、触点接触状况，必要时应清洁触点，调整触点间隙。触点间隙一般为 0.35 ~ 0.45mm。

2）将 1 缸活塞置于压缩行程上止点，并使曲轴处于规定的正时位置。操作步骤如下：

① 拆下 1 缸火花塞，用手或布堵住 1 缸火花塞孔，也可以利用气缸压力表观察 1 缸压缩压力，或观察 1 缸进、排气门的关闭状况。

② 转动曲轴，当手感到压力或堵上的布被弹出，气缸压力表指示的压力增加或进、排气门均关闭时，表明 1 缸进入压缩行程。

③ 缓慢转动曲轴，使飞轮或曲轴带轮上的正时记号与规定的标记或提前角度对准，此时 1 缸活塞到达压缩行程上止点，或规定的正时位置。正时标记因车型的不同而不同，常用标记方法如图 6-16 所示。

3）安装分电器，不同车型分电器安装方法也不完全相同。

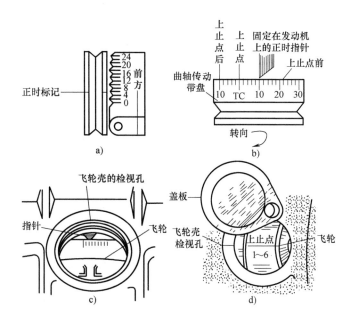

图 6-16 正时标记

4）以分火头所指的分电器盖上的高压线插孔为 1 缸，按点火顺序将高压导线连接到各缸火花塞上。

5）安装分电器后应根据运行情况或用正时灯检查并调整点火正时。

检查的方法是：将发动机起动并预热到正常温度，在车速为 25～30km/h（试验转速因车型而不同）时突然加速，能听到短促而轻微的爆震声并立即消失，表明点火正时正确；若无爆震声为点火过迟；爆震声严重为点火过早。点火过迟或点火过早均应松开分电器固定板，逆分火头转动方向（增大点火提前角）或顺分火头转动方向（减小点火提前角）转动分电器壳，调节点火提前角。重复上述试验，点火提前角达到正常值后将分电器固定。

用正时灯检查时，将正时灯的电源线（红为正）接蓄电池正、负极，感应夹在 1 缸高压线上，起动发动机使其转速达到规定值。将正时灯对准发动机上的正时指针，观察正时标记。若指针出现在正时标记之前为点火过早，在正时标记之后，为点火过迟。点火过早或过迟均应松开分电器壳加以调整。

复习思考题

6-1 汽油机点火系有哪几种类型？

6-2 点火线圈有何功用？如何检查其好坏？

6-3 普通电子点火系统的点火信号发生器有哪几种？各有何特点？

6-4 电控点火系统有哪些功能？

6-5 电控点火系统和普通电子点火系统有何区别？

6-6 点火系统常见故障有哪些？如何诊断？

第7章 冷 却 系 统

本章重点讲述了发动机冷却系统主要总成的结构、工作原理、检修项目和检修方法，介绍了发动机水冷却系统主要零部件的构造与工作原理，分析了水冷却系统的常见故障。

7.1 概述

7.1.1 冷却系统的作用

发动机冷却系统的作用是使工作中的发动机得到适度的冷却，并使发动机在工作过程中始终处于最佳的工作温度范围内。在可燃混合气的燃烧过程中，气缸内气体温度可高达 1800～2000℃。直接与高温气体接触的机件若不及时冷却，则可能因受热膨胀而破坏正常间隙，各机件也可能因高温而导致其机械强度降低甚至损坏。为保证发动机正常工作，必须冷却这些在高温条件下工作的机件。若发动机温度过低，又会导致发动机功率降低、燃油消耗增加和发动机磨损加剧。因此，现代发动机采用各种措施自动调节冷却液温度。

发动机冷却要适度。若冷却不足，会使发动机过热，从而造成充气效率下降，早燃和爆燃倾向加大，致使发动机功率下降；还会使发动机运动零件间的间隙变小，导致零件不能正常运动，甚至卡死、损坏；或使零件因强度下降而导致变形和损坏；同时，发动机过热还会使润滑油黏度减小，润滑油膜易破裂而使零件磨损加剧。

若冷却过度，会使发动机过冷，导致进入气缸的混合气或空气温度低而难以点燃混合气，造成发动机功率下降、油耗上升。还会使润滑油黏度增大，造成润滑不良而加剧零件磨损。此外，因温度低而未气化的燃油会冲刷气缸、活塞等摩擦表面上的油膜，同时因混合气与温度较低的气缸壁接触，使其中原已汽化的燃油又重新凝结而流入曲轴箱内，不仅增加了油耗，而且使机油变稀而影响润滑，导致发动机功率下降，磨损加剧。

7.1.2 冷却系统的类型和组成

冷却系统按照冷却介质的不同可以分为风冷式和水冷式。把发动机高温零件的热量直接散入到大气中的冷却装置称为风冷式冷却系统；而把这些热量先传给冷却液，然后再散入大气中的冷却装置称为水冷式冷却系统。

1. 风冷式冷却系统

风冷式冷却系统是在气缸体和气缸盖上制有许多散热片，以增大散热面积，利用机械前进中的空气流或特设的风扇鼓动空气，吹过散热片，将热量带走。风冷式冷却系统以空气为冷却介质，一般由风扇、导流罩、散热片、气缸导流罩和分流板组成，如图 7-1 所示。利用大流量风扇使高速空气流直接吹过气缸盖和气缸体的外表面，使发动机零部件的热量散发到大气中。采用风冷式冷却系统的发动机也称为风冷式发动机。

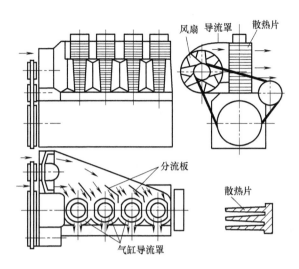

图 7-1 风冷式冷却系统

为了有效地降低受热零件的温度和改善其温度的分布，风冷式发动机在气缸盖和气缸体的外表面精心布置了一定形状的散热片，确保发动机在最适当的温度范围内可靠地工作。为了加强冷却，保证冷却均匀，通常还装有导流罩、分流板。当采用一个风扇时，装在发动机前方中间位置；采用两个风扇时，分别装在左右两列气缸前端。

风冷式冷却系统的特点是结构简单、质量较小、经济性好，对地理环境和气候环境的适应性强，特别适用于沙漠等高温地区和极地等严寒地区。风冷发动机由于省去了散热器和许多管道，维护简便，工作可靠。缺点是冷却效果难以调节、消耗功率大、工作噪声大等，在多缸发动机上，会使各缸的冷却不均匀，并且在冬季时起动困难，燃油和润滑油耗量也较大。因此，风冷式冷却系统在现代工程机械发动机上应用较少。

2. 水冷式冷却系统

水冷式冷却系统是以水（或冷却液）为冷却介质，先将发动机受热零件的热量传给冷却液，再通过散热器散发到大气中去，如图 7-2 所示。采用水冷式冷却系统的发动机也称为水冷式发动机。水冷式冷却系统一般由散热器、水泵、风扇、风扇离合器、节温器、水套及百叶窗等组成，利用水泵强制冷却液在冷却系统中进行循环流动而达到散热的目的。

水冷式发动机的气缸盖和气缸体中都铸有相互连通的水套。在水泵的作用下，散热器内的冷却水被加压后通过气缸体进水孔进入发动机，流经气缸体及缸盖的冷却套而吸收热量，然后从气缸盖的出水口沿水管流回散热器。由于工程机械行驶的速度及风扇的强力抽吸，空气由前向后高速通过散热器。因此，受热后的冷却水在流过散热器芯的过程中，热量不断地散发到大气中去，冷却后的水流到散热器的底部，又被水泵抽出，再次压送到发动机的水套中，如此不断循环，把热量不断地送到大气中去，使发动机不断地得到冷却，从而保证发动机正常工作。

为使发动机在低温时减少热量损失、缩短暖机时间，在低温大负荷情况下加快散热，冷却系统中设有调节温度的装置，如节温器、风扇离合器等。为便于驾驶员能及时掌握冷却系统的工作情况，冷却系统中还设有水温表和高温警告灯等。

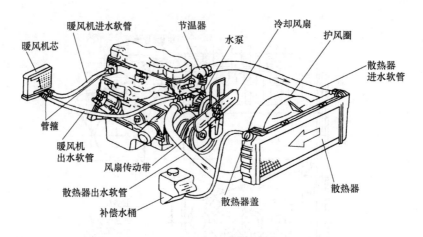

图 7-2　水冷式冷却系统

水冷式冷却系统的特点是冷却均匀可靠、效果好，发动机结构紧凑，制造成本低，工作噪声和热应力小，因而得到了广泛应用。这里主要介绍水冷式发动机的冷却系统。

7.2　水冷式冷却系统的主要组成部件

7.2.1　冷却水泵

冷却水泵一般安装在发动机前端，由曲轴通过带轮驱动，其功用是对冷却水加压使其在冷却系统中循环流动。工程机械发动机大多采用的离心式水泵是由泵体、泵盖、泵轴、叶轮及轴承等组成。

泵体由铸铁构成，上有进水口，用螺栓固定在发动机前部，泵体与泵盖之间有衬垫。泵盖有的是单独制造，有的安装在正时齿轮盖上，水泵的出水道铸在泵盖上。泵轴前端装有带盘，后端装有水封和叶轮，叶轮与轴是过盈配合。为了防止水沿轴向前渗漏，在叶轮中央装有自紧式水封，由密封垫、皮碗和弹簧组成。

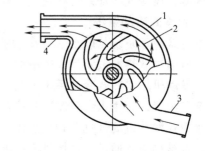

图 7-3　离心式水泵基本组成和工作原理
1—水泵壳体　2—叶轮　3—进水口　4—出水口

水泵的工作原理如图 7-3 所示。发动机工作时，通过带传动使泵轴转动，水泵中的水被叶轮带动一起旋转，并在自身的离心力作用下，向叶轮的边缘甩出，然后经泵盖上的出水口压送到发动机水套内。同时，叶轮中心部分压力降低，散热器中的水便从进水口被吸入叶轮中心处。

7.2.2　散热器

散热器的功用是将水套中流出的高温冷却液分成许多股细流，并利用散热片增大散热面积，以便使冷却液的温度迅速降低。

冷却液在散热器中的流动方向有些是自上而下流动，有些是自左而右横向流动，其结构和原理相同。散热器主要由贮水室、进水管、散热器芯、散热器盖和出水管组成。在散热器的顶部设有加水口，以便加注冷却液，在通常情况下加水口用散热器盖封闭；底部一般设有放水阀，以便必要时放出散热器内的冷却液。

常用的散热器芯为芯片式结构，如图7-4所示。散热器芯由许多芯管和散热片组成，芯管为扁圆形直管，芯管两端与两个贮水室之间及芯管与散热片之间均用锡焊接。冷却液流经散热器时被芯管分成许多股细流，并经芯管上的散热片将热量散发到大气中。散热片不仅可以增加散热面积，而且可以提高散热器芯的刚度和强度。

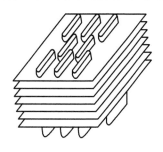

图7-4　芯片式散热器芯的结构

7.2.3　节温器

节温器的功用是控制通过散热器的冷却液流量，使冷却液在散热器与水套之间进行大循环或小循环，调节冷却强度，保证发动机在最适宜的温度下工作。

各种发动机使用的节温器基本都是蜡式节温器，是利用石蜡受热体积急剧膨胀的特点而设计制造的。蜡式节温器的结构主要有壳体、弹簧、石蜡、阀门、支架、推杆和胶管等组成，壳体一般用铜制作，推杆的一端固定在支架上，另一端插入胶管内，石蜡装在胶管与节温器壳体之间的腔体内，如图7-5所示。温度较低时，石蜡呈固态，主阀门被弹簧推向上方与阀座压紧，主阀门处于关闭状态（见图7-6a）。此时，副阀门开启，冷却液进行小循环，来自发动机水套的冷却液经副阀门、小循环水管直接进入水泵，被泵回到发动机水套内。温度升高时，石蜡逐渐熔化成液态，使其体积膨胀，迫使胶管收缩，对推杆端部产生向上的推力，由于推杆固定在支架上，推杆对胶管、节温器壳体产生向下的反推力。当冷却液温度升高到一定值（一般为76℃）时，反推力克服弹簧的弹力使胶管、节温器壳体向下运动，主阀门开始开启，同时副阀门开始关闭。当冷却液温度进一步升高到一定值（一般为86℃）时，主阀门完全开启，而副阀门也正好关闭小循环通路（见图7-6b）。此时，来自发动机水套的冷却液全部经过散热器进行大循环。冷却液温度在主阀门开始开启温度与完全开启温度之间时，主阀门和副阀门均部分开启，在整个冷却系统内，部分冷却液进行大循环，部分冷却液进行小循环。表7-1所示为常见发动机的节温器阀门的开闭情况。

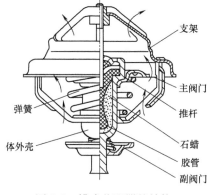

图7-5　蜡式节温器的结构

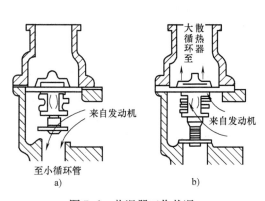

图7-6　节温器工作状况
a）系统小循环　b）系统大循环

表 7-1　常见发动机节温器阀门开闭情况

发动机型号	主阀门初开启温度/℃	主阀门全开启温度/℃	主阀门升程/mm
EQ6100 发动机 CA6102 发动机	76 ±2	86 ±2	8.5 ~ 9.5
6BTA5.9 发动机	83	95	8
JV 发动机	87 ±2	102 ±3	7
AJR 发动机	87 ±2	105	8

7.3　冷却系统的维修

7.3.1　水泵的维修

1. 水泵的常见故障

水泵常见的故障是漏水、轴承松旷和泵水量不足。

（1）漏水　泵壳裂纹导致漏水时一般有明显的痕迹，裂纹较轻时可用粘接法修理，裂纹严重时应更换。在水泵正常时，水泵壳上的泄水孔不应漏水，如果泄水孔漏水说明水封密封不良，其原因可能是密封面接触不紧密或水封损坏，应分解水泵进行检查，清洁水封密封面或更换水封。

（2）轴承松旷　在发动机怠速运转时，若水泵轴承有异响或带轮转动不平衡，一般是轴承松旷所致。发动机熄火后，用手扳动带轮进一步检查其松旷量，若有明显松旷，应更换水泵轴承；若水泵轴承有异响，但用手扳动带轮无明显松旷，则可能是水泵轴承润滑不良所至，应从润滑脂嘴加注润滑脂。

（3）泵水量不足　水泵泵水量不足一般是因水道堵塞、叶轮与轴滑脱、漏水或传动带打滑，可通过疏通水道、重装叶轮、更换水封、调整风扇传动带松紧度来排除故障。

2. 水泵的检修

（1）水泵的分解　为了便于水泵分解，应将水泵体放在 80 ~ 90℃ 的热水中加温，加温后再进行分解。拆下风扇及风扇离合器总成，打开水泵后端盖板，夹住带轮旋下水泵叶轮，取出水封总成及弹性挡圈；或用专用拆装工具压出水泵叶轮、水封总成和水泵轴承的组件以及水泵轴。

（2）水泵的检查　起动发动机，查看水泵溢水孔是否有渗漏，若渗漏，则表明水封已损坏；同时，察听有无异常响声。停机后，用手扳动风扇叶片，查看带轮与水泵轴配合是否松旷，稍有间隙感觉为正常；若明显松旷，表明带轮与泵轴或带轮与锥形套配合松旷。如果就车检查水泵无漏水、发卡、异响及带轮摇摆现象，可不对其分解，只加注润滑油即可。如有上述异常现象，则应分解检查，并予以修理。若带轮松旷摇摆，应检查风扇及带轮毂的螺栓或螺母，若松旷应予拧紧；若螺栓和螺母紧固良好，传动带仍松旷摇摆，则可能是水泵轴松旷，应分解水泵，检查水泵轴承，若松旷，应予以更换。

当水泵漏水时，应检查水泵衬垫、水泵壳上的泄水孔。当水泵衬垫漏水时，先检查水泵紧固螺栓是否松动，如松动应拧紧。若拧紧后仍漏水，应予更换衬垫。当水泵壳上的泄水孔漏水，应分解水泵，检查自紧式水封总成，如损坏应予以修复或更换。更换或修复水封总成后，应进行简易漏水试验，其方法是：堵住水泵进水口，将水注满叶轮室，转动泵轴，泄水孔应不漏水。

（3）水泵主要零件的修理

1）水泵壳的检修。水泵壳体裂纹可采用铸铁焊条焊接，而后用环氧树脂胶涂其表面，以防漏水。水泵壳轴承孔磨损，可采用过盈配合的镶套法修复。

2）水泵轴的检修。水泵轴与轴承内径的配合间隙应不大于 0.03mm，若超过规定，应换用新件。若水泵轴弯曲超过 0.50mm，应冷压校直。

另外，水泵叶轮破裂，应换用新件。水封座圈外径磨损，水封老化、变形，水封转动环与静止环接触面磨损起槽、表面剥落或破裂导致漏水时，均应更换水封总成。

（4）水泵装复后的试验 试验方法是：用手转动带轮，泵轴应转动自如，应无卡阻现象；测试径向间隙应无松旷感觉，前后拉动带轮，测试轴向间隙，允许稍有旷动为宜。堵住泵壳进水口，然后将水加入叶轮工作室，转动泵轴，溢水孔应无漏出，否则应查明原因予以排除。

7.3.2 散热器的维修

1. 散热器的常见故障

散热器的常见故障是因机械损伤、化学腐蚀、芯管堵塞等导致的泄漏、外观变形和散热性能下降。散热器积聚水垢、铁锈等杂质，形成堵塞；芯部冷却管与上下水室焊接部位松脱、冷却管破裂、上下水室出现腐蚀斑点、小孔或裂缝而造成漏水。散热器芯管有堵塞时，应使用专用通条进行疏通。散热片有变形或倒伏时，应及时进行整形、扶正。散热器的贮水室若有凹陷变形时，可在凹陷处焊一钩环，拉平后再解焊。散热器泄漏一般发生在卷管与贮水室的接合部，散热器泄漏部位可用锡焊或粘接方法修复。

2. 散热器的维修

（1）散热器的清理 拆下散热器，用清水和压缩空气洗净吹干外部尘垢，置于含有10%～15%苛性钠（质量分数）水溶液容器内，加热保持在 80～90℃，浸煮 0.5h 左右，取出放入清水池中清洗。如果散热器内积垢严重，应拆去上、下水室，用通条疏通。

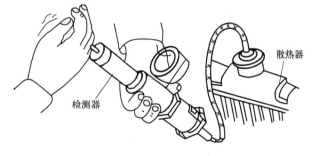

（2）散热器密封性检查 把散热器检测器装在散热器盖口上，如图 7-7 所示，对散热器施以 100～150kPa 压缩空气，检查冷却液的渗漏情况，如有渗漏，需修整。

图 7-7 散热器密封性的检查

（3）散热器排气阀及盖的检查 将散热器检测器装在散热器盖或排水口盖上，如图 7-8 所示，检查其密封性和排气阀的开启压力。当压力为 75～105kPa 时，阀门应处于开放状态。压力低于 60kPa 极限值时，压力没有急剧下降，若不符合极限值，应更换其盖。同时，要检查冷却液中的含油量及水垢层。

（4）散热器的修理　在使用中，根据散热器芯管损坏的情况，分别采用下列方法修理。

1）接管法。当外层少数散热器芯管部分损坏且长度不大时，用尖嘴钳拆去已损坏的散热管上的散热片，剪下已损坏的一段芯管，从芯管的一端插进通条，穿过剪去部分的上、下口。用尖嘴钳将上、下接口整理平直；从废旧散热器上剪截一段可用的散热管，其长度较需镶接的部分加长 10mm，将两端口部分稍微扩大，使其能够套在所需修理散热器的上、下

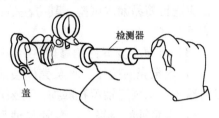

图 7-8　散热器盖的检查

接口。将镶接管套接于需修散热器的接口上，同时再从芯管的端头插进通条，并将接口处整理平顺。在接口处涂以氧化锌铵溶液，用火焰加热，用锡焊焊合。焊接修理后，尽可能地将散热片予以修复。

2）换管法。当芯管损坏部分的长度较大时，常用换管法修复。将散热器夹装在专用修理架上，用通条插入需更换的芯管中并来回拉动以清除芯管内的水垢；将事先准备好的电阻加热器插入需更换的芯管内，两端接通 24V 电源，电阻丝烧红后焊锡也随之熔化；同时用氧乙炔焰加热器将散热管与上下底板连接处的焊锡熔化，使之脱离。随即切断电源，趁热用手钳将芯管连同电阻加热器一起抽出。清理各连接部位的污垢，将表面挂有焊锡的待换芯管插入，再插入电阻加热器并通电，待芯管表面焊锡熔化，即切断电源。当温度逐渐降低、焊牢后，抽出电阻加热器，并将换装的散热管端与上、下底板连接处焊牢。

7.3.3　节温器的检查

1. 节温器的随车检查

发动机经过长期使用，节温器有时会失效，造成发动机过热或过冷，功率下降，油耗增加。因此，加强节温器的随车检查是非常必要的。

发动机刚起动时，如果水箱内冷却水是静止的，则表明节温器工作正常。这是因为在水温低于 70℃ 时，节温器膨胀筒处于收缩状态，主阀门关闭；当水温高于 80℃ 时，膨胀筒膨胀，主阀门渐渐打开，水箱内的冷却水开始循环工作。

若水温表指示在 70℃ 以下，水箱进水管处有水流动，而且水温微热，则表明节温器主阀门关闭不严，使冷却水过早进入大循环。水温表指示在 70~80℃ 时，打开水箱盖及放水开关，用手感觉水温，若烫手，说明节温器正常；若加水口处水温低，且水箱上水室进水管处于无水流出或流水甚微，说明节温器主阀门卡滞，无法打开。

水温升高后的发动机水温上升很快，当水温上升到 80℃ 后，升温速度减慢，则表明节温器工作正常。反之，水温一直升高很快，且内压达到一定程度时，沸水突然溢出，则表明主阀门长时间处于关闭状态后突然被打开。

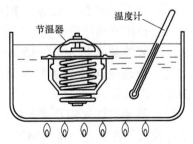

图 7-9　节温器工作状况的检查

2. 节温器的试验检查

节温器失灵时，主阀门则处于关闭状态，冷却液不经散热器，致使发动机冷却液很快出现开锅现象。检查时，先拆下节温器后，将其浸入水中，如图 7-9 所示，

逐渐加热提高水温，检查节温器阀门的开启温度和阀门的提升情况。节温器有低温型和高温型两种：低温型温度在 76～84℃ 时，阀门开始开启，在 95℃ 时升程应大于 8mm；高温型在 86～90℃ 时，阀门开始开启，阀门在 105℃ 时的升程应大于 8mm。当升程衰减到 8mm 以下时就不能继续使用，应予以更换。

不允许发动机在拆除节温器的状态下工作。否则，将影响发动机动力性、经济性和可靠性的充分发挥。

3. 节温器的拆装

（1）拆卸

1）将发动机前端置于维修工作台上。

2）在切断点火开关的情况下，拔下蓄电池搭铁线。

3）排放冷却液。

4）拆卸 V 带，拆卸发电机。

5）从连接体上拆下冷却水管。

6）松开螺栓，取出节温器盖、O 形密封圈和节温器，如图 7-10 所示。

（2）安装

1）清洁 O 形密封圈的密封表面。

2）安装节温器，节温器的感温部分必须在气缸体内。

3）用冷却液浸湿新的 O 形密封圈。

4）拧紧螺栓，安装发电机。

5）加注冷却液。

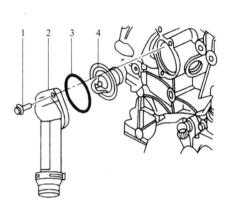

图 7-10 节温器的拆卸
1—螺栓 2—节温器盖
3—O 形密封圈 4—节温器

复习思考题

7-1 冷却系统的功用是什么？

7-2 试说明常见水冷式冷却系统的组成及循环线路。

7-3 水冷式冷却系统常见水泵是什么类型？它是怎样工作的？如何检查？

7-4 冷却系统常见的故障有哪些？如何诊断？

第8章 润滑系统

本章重点讲述了发动机润滑系统的功用、基本组成以及润滑系统主要零部件的结构与工作原理，介绍了润滑系统主要零件的检验和维修，对润滑系统常见的故障进行了分析和诊断。

8.1 概述

8.1.1 润滑系统的功用

发动机工作时，相对运动的零件金属表面之间的直接摩擦，将使发动机的功率消耗增多，降低发动机机械效率，使零件表面迅速磨损；产生的大量摩擦热将导致工作表面烧蚀，从而使发动机无法正常运转。为了保证发动机正常工作，必须对相对运动零件表面加以润滑，以减小摩擦阻力、降低功率消耗、减轻机件磨损、延长发动机的使用寿命。将润滑油送到运动零件表面而实现润滑的系统，称为发动机的润滑系统。

图 8-1 所示为发动机的润滑系统，它可润滑发动机各零部件的摩擦表面，以减少各零部件摩擦表面的摩擦与磨损，并带走摩擦表面上的磨屑等杂质，冷却摩擦表面，提高气缸的密封性。此外，润滑油粘附在零部件表面上，不但可以吸收冲击，减小振动，还可以避免零部件直接与空气、水和燃气等的直接接触，从而可防止零部件被腐蚀。在有些发动机配气系统上还能起到液压的作用。因此，润滑系统除了具有润滑作用外，还具有散热、清洗、防腐、密封、减振和液压等作用。

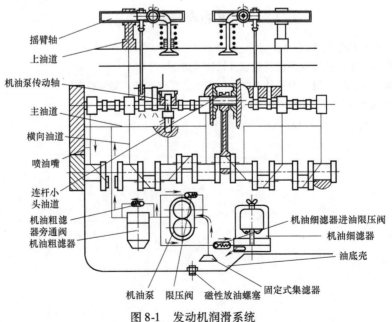

图 8-1　发动机润滑系统

8.1.2　发动机的润滑方式

发动机工作时，由于各运动零部件的位置、相对运动速度、承受的机械负荷和热负荷等不同，对润滑强度的要求也不同。为保证润滑可靠，并尽可能简化润滑系统的结构，在发动机润滑系统中，根据润滑强度的不同，发动机润滑方式可分为压力润滑、飞溅润滑和定期润滑三种。

1. 压力润滑

利用机油泵通过油道将具有一定压力的润滑油源源不断地输送到零部件摩擦表面上，形成具有一定厚度并能承受一定机械负荷的油膜，这种润滑方式称为压力润滑。发动机上一些机械负荷大、相对运动速度高的零部件，一般都采用此种润滑方式，如曲轴各轴颈与轴承之间、凸轮轴颈与轴承之间以及摇臂轴与摇臂之间等部位。采用压力润滑比较可靠，但必须设专门的油道输送润滑油。

2. 飞溅润滑

依靠运动的零部件（主要是曲轴）将润滑油飞溅到零部件的摩擦表面上，或从专门的油孔中将润滑油喷射到零部件的摩擦表面上，这种方式称为飞溅润滑。发动机上的一些外露部位、机械负荷较小的零部件或相对运动速度较低的零部件，一般采用飞溅润滑方式，如活塞与气缸壁、凸轮与挺杆以及活塞销与衬套等。飞溅润滑的可靠性较差，但结构比较简单，在活塞与气缸壁间采用飞溅润滑，还可以防止由于润滑油压力高而进入燃烧室参加燃烧导致润滑油消耗异常、燃烧室积炭加剧以及发动机工作恶化等现象。

3. 定期润滑

采用定期加注润滑脂的方法对摩擦表面进行润滑，这种方式称为定期润滑。发动机上一些分散的部位一般采用此种润滑方式，如水泵轴承、发电机轴承和分电器等。定期润滑不属于润滑系统的工作范畴。

8.2　润滑系统的组成

8.2.1　润滑系统的基本组成与油路

1. 润滑系统的基本组成

润滑系统的主要部件有油底壳、机油泵、限压阀、机油集滤器、机油滤清器（粗、细）及机油散热器。

1）油底壳，其主要功用是储存机油。

2）机油泵，其主要功用是建立压力润滑和润滑油循环所必需的油压。

3）油道，其主要功用是将机油泵输出的压力润滑油输送到各零部件的摩擦表面。油道在气缸体与气缸盖上直接铸出或加工在一些零件内部，可分为主油道和分油道：主油道一般是指铸造在气缸体侧壁内、沿发动机纵向布置的油道，其他油道均为分油道。

4）滤清器，其主要功用是滤除润滑油中的杂质。根据能够滤除的杂质直径不同，可分为集滤器、粗滤器和细滤器。

5）限压阀，其主要功用是控制机油压力。

6）机油压力传感器和机油压力表，主要功用是检测并通过仪表显示机油压力。

7）机油散热器。有些大功率发动机装有机油散热器，以帮助润滑系统进行散热，保证机油正常的工作温度。

2. 工程机械发动机润滑油路

现代发动机润滑油路布置方案大致相似，只是由于润滑系统的工作条件和某些具体结构的不同而稍有差别，如图 8-1 所示。

发动机润滑系统采用综合润滑方式。曲轴主轴颈、连杆轴颈、凸轮轴轴颈和凸轮轴止推凸缘等采用压力润滑；活塞、活塞环、活塞销、气缸壁、气门、挺杆、凸轮和正时齿轮等采用飞溅润滑。

发动机工作时，机油泵将油底壳内的润滑油经机油集滤器滤出大的机械杂质后，经三通出油管分成两路，大部分经机油粗滤器滤去较大的机械杂质流入主油道实行压力润滑。另一部分（10%～15%）经低压限压制阀进入机油细滤器滤去较细小的机械杂质和胶质后流回油底壳。机油细滤器与机油粗滤器及主油道采用并联布置方式，是考虑到过滤式细滤器的通过阻力较大，如果与主油道串联，则难以保证主油道的供油量，不能使发动机正常润滑。采取并联方案，虽然每次流经细滤器的油量较少，但润滑油经过不断的循环流动仍可取得良好的滤清效果。实践表明，一般工程机械每行驶 50km 左右，全部润滑油即能通过细滤器一次。

在机油细滤器上设有低压限制阀，当机油泵出油压力低于一定值（147kPa）时，低压限制阀即关闭通往细滤器内的油道，润滑油全部进入主油道，以保证正常润滑。

进入主油道的润滑油，经气缸体隔壁上并联的横油道进入曲轴主轴承，然后经曲轴上的斜向油道流入各连杆轴承。气缸体上横油道中的部分润滑油流向凸轮轴轴承，使该处得到润滑。在气缸体前后部钻有与凸轮轴前后轴承相通的直流油道，并通过气缸盖螺栓孔及气缸盖上端的斜孔与摇臂支承座油孔相连，将润滑油引入前后两个空心的摇臂轴。润滑油经摇臂轴上的油孔进入摇臂轴承，润滑摇臂。一部分润滑油经摇臂上部的油孔喷出，润滑摇臂头部、气门杆端和推杆上端。此外，在机油细滤器的底座上有一出油孔，通过连接管将一部分润滑油输送至空气压缩机曲轴中心的油道，润滑空气压缩机的连杆轴颈，再经回油管流回油底壳。

当连杆大端上对着凸轮轴一侧的小孔与曲轴连杆轴颈上的油道口相通时，润滑油即由此小孔喷向凸轮表面、气缸壁及活塞等处。润滑推杆球头和气门端的润滑油顺推杆表面下流到杯形挺杆内，再由挺杆下部的油孔流出与飞溅的润滑油共同来润滑凸轮的工作表面，飞溅到活塞内部的润滑油，溅落在连杆小端的油孔内，借以润滑活塞销；正时齿轮的润滑则靠机油泵传动齿轮带起的润滑油来实现。

8.2.2 润滑系统的主要组成件

1. 机油泵

机油泵一般安装在曲轴箱内，由曲轴、凸轮轴或中间轴驱动。工程机械发动机使用的机油泵主要有两种：齿轮式和转子式。

（1）齿轮式机油泵的构造和工作原理

1）齿轮式机油泵的构造。齿轮式机油泵的构造如图 8-2 所示。泵壳用螺栓安装在曲轴箱内第一道主轴承座两侧，泵壳内装有主动轴和从动轴，主动齿轮和从动齿轮分别安装在主动轴和从动轴上。泵盖用螺栓安装在泵壳上，机油泵的进油口和出油口均设在泵盖上，带有固定式集滤器的吸油管用螺栓固定在进油口处，出油管用螺栓固定在机油泵出油口与发动机机体上的相应油道之间。主动轴的前端伸出泵壳，并用半圆键、锁片和螺母将传动齿轮固定安装在主动轴上，发动机工作时，通过传动齿轮与曲轴正时齿轮啮合驱动机油泵工作。限压阀安装在机油泵出油口处，限压阀主要由阀体、球阀、弹簧和弹簧座组成。开口销用来固定弹簧座的位置。

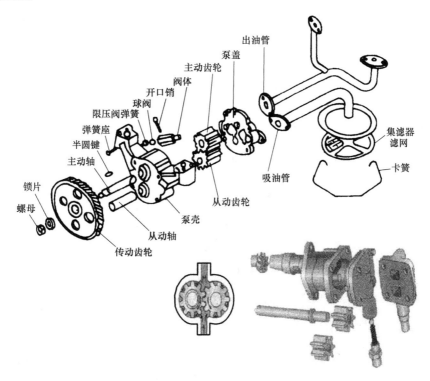

图 8-2　齿轮式机油泵的构造

2）齿轮式机油泵的工作原理。如图 8-3 所示，机油泵工作时，齿轮按图中箭头所示的方向旋转，进油腔的容积因齿轮脱离啮合的方向转动而增大，进油腔内产生一定的负压，润滑油便从进油口被吸入进油腔。随齿轮旋转，润滑油便经齿轮与泵壳间被带到出油腔。由于出油腔内进入的机油逐渐增多，其容积减小，油压升高，润滑油便经出油口被压送到润滑油道中。输出的油量与发动机转速成正比，以保证发动机在不同工况下所需要的油压。

为保证齿轮转动的连续性，当前一对轮齿还未脱离啮合时，后一对轮齿已进入啮合，这样在两对啮合轮齿之间的润滑油会因轮齿逐渐啮合而被挤压，产生很高的

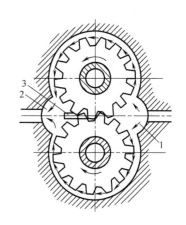

图 8-3　齿轮式机油泵的工作原理
1—进油腔　2—出油腔　3—泄压槽

压力，不仅会增加齿轮转动的阻力，而且作用在主动轴和从动轴上的压力过大时，会加剧齿轮及轴的磨损。通常在泵盖上加工有卸压槽，使啮合轮齿间的润滑油流回出油腔。

齿轮式机油泵结构简单，机械加工方便，工作可靠，使用寿命长，应用较广泛。

（2）转子式机油泵的构造和工作原理

1）转子式机油泵的构造。转子式机油泵通常安装在曲轴箱前端，由曲轴带轮或链轮驱动，其结构如图8-4所示。它主要由泵壳、泵盖、内转子、外转子和油泵壳体、限压阀等组成。内、外转子安装在机油泵壳内，转子轴伸出泵壳，在转子轴外端安装有机油泵链轮。内、外转子有一定的偏心距，外转子在内转子的带动下转动，壳体上设有进油口和出油口。

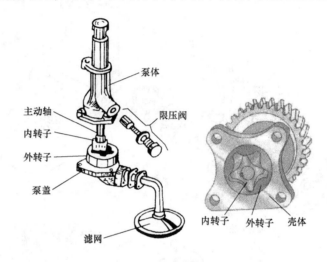

图8-4　转子式机油泵的构造

2）转子式机油泵的工作原理。如图8-5所示，发动机工作时，通过转子轴驱动内转子转动，同时带动外转子一起转动，在内外转子的转动过程中，转子每个齿的齿形齿廓线上总能互相成点接触。因此，在内、外转子之间形成了四个互相封闭的工作腔。由于外转子总是慢于内转子，这四个工作腔在旋转过程中不但位置改变，容积大小也在改变。每个工作腔总是在最小时与壳体上的进油孔接通，随后容积逐渐变大，形成真空，把机油吸进工作腔。当该容积旋转到与泵体上的

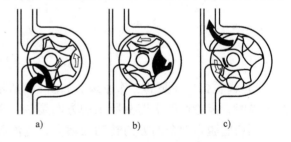

图8-5　转子式机油泵的工作原理
a）吸进机油　b）输送机油　c）压送机油

出油孔接通且与进油孔断开时，容积逐渐变小，工作腔内压力升高，将腔内机油从出油孔压出。直至容积变为最小，重新又与进油孔接通开始进油为止。与此同时，其他工作腔也在进行着同样的工作过程。

转子式机油泵结构紧凑，吸油真空度大，泵油量大，供油均匀度好。安装在曲轴箱外位置较高处时，也能很好地供油。

2. 机油滤清器

发动机工作时，金属磨屑和大气中的尘埃以及燃料燃烧不完全所产生的炭粒会渗入机油

中，机油本身也因受热氧化而产生胶状沉淀物，机油中含有这些杂质。如果把这样的脏机油直接送到运动零件表面，机油中的机械杂质就会成为磨料，加速零件的磨损，并且引起油道堵塞及活塞环、气门等零件胶结。因此，必须在润滑系中设有机油滤清器，使循环流动的机油在送往运动零件表面之前得到净化处理，保证摩擦表面的良好润滑，延长其使用寿命。

一般润滑系统中装有几个不同滤清能力的滤清器、集滤器、粗滤器和细滤器，分别串联和并联在主油道中。与主油道串联的滤清器称为全流式滤清器，一般为粗滤器；与主油道并联的滤清器称为分流式滤清器，一般为细滤器，过油量约为 10% ~30% 。

如图 8-6 所示，集滤器是具有金属网的滤清器，安装于机油泵进油管上。其作用是防止较大的机械杂质进入机油泵。固定式集滤器淹没在油面之下，吸入的机油清洁度较差，但可防止泡沫吸入，润滑可靠，结构简单，获得广泛应用。

机油粗滤器用于滤去机油中粒度较大的杂质，机油流动阻力小，它通常串联在机油泵与主油道之间，属于全流式滤清器。粗滤器是过滤式滤清器，其工作原理是利用机油通过细小的孔眼或缝隙时，将大于孔眼或缝隙的杂质留在滤芯的外部，如图 8-7 所示。滤芯有各种不同的结构形式，传统的粗滤器多采用金属片缝隙式和纸质式。

图 8-6　机油集滤器
1—罩　2—滤网　3—吸油管

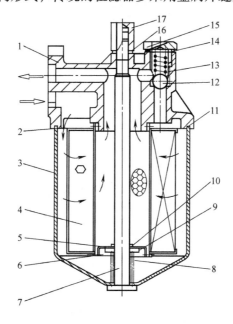

图 8-7　纸质滤芯机油粗滤器
1—端盖　2—滤芯上密封圈　3—外壳　4—滤芯　5—滤芯底座　6—滤芯下密封圈
7—中心螺栓　8—压紧弹簧　9—垫圈　10—中心螺栓密封圈　11—外壳密封圈
12—球阀　13—旁通阀弹簧　14—旁通阀垫圈　15—旁通阀座　16—垫圈　17—螺母

纸质滤清器的滤芯是用微孔滤纸制成的，为了增大过滤面积，微孔滤纸一般都折叠成扇形和波纹形。微孔滤纸经过酚醛树脂处理，具有较高的强度，抗腐蚀能力和抗水湿性能，具有质量小、体积小、结构简单、滤清效果好、过滤阻力小、成本低和保养方便等优点，得到了广泛的应用。

如图 8-8 所示，机油细滤器用以清除细小的杂质，这种滤清器对机油的流动阻力较大，故多做成分流式，它与主油道并联，只有少量的机油通过它滤清后又回到油底壳，多数发动机采用离心式细滤器。

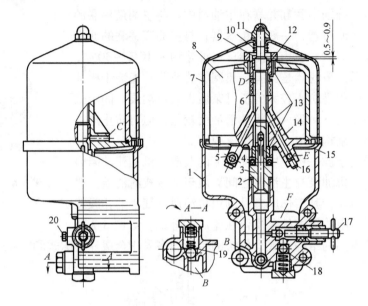

图 8-8 离心式机油细滤器

1—壳体 2—锁片 3—转子轴 4—止推轴承 5—喷嘴 6—转子套 7—滤清器盖
8—转子盖 9—支撑座 10—弹簧 11—压紧螺母 12—压紧套 13—衬套
14—转子体 15—挡板 16—螺塞 17—散热器开关 18、19—限压阀 20—管接头
B—滤清器进油口 C—出油孔 D—进油孔 E—通喷油器油道 F—滤清器出油道

3. 机油散热器

发动机运转时，润滑油的温度不宜超过 85℃，如果超过 125℃时，润滑油黏度随温度的升高而降低，减弱了润滑能力，润滑油会迅速丧失润滑性能。因此，一些热负荷较大的发动机使用了机油散热器，如图 8-9 所示，其作用是降低机油温度，使润滑油保持一定的黏度。

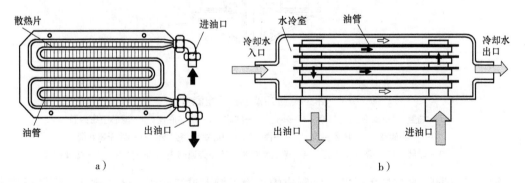

图 8-9 机油散热器

a) 空冷式机油散热器 b) 水冷式机油散热器

机油散热器由散热管、限压阀、开关及进出水管等组成，其结构与冷却水散热器相似。

机油散热器一般安装在冷却水散热器的前面，与主油道并联。机油泵工作时，一方面将机油供给主油道，另一方面经限压阀、机油散热器开关、进油管进入机油散热器内，冷却后从出油管流回机油盘，如此循环流动。

8.3 润滑系统的维修

8.3.1 润滑系统常见的故障及诊断

润滑系统常见的故障有：机油压力过低、机油压力过高、机油消耗异常和机油变质。

1. 机油压力过低

1）机油压力始终过低。在使用中，机油压力表指示压力长时间低于正常标准即为机油压力过低。

机油压力传感器通常安装在主油道中，如果机油压力表和机油压力传感器正常，而机油压力表指示压力过低，可根据润滑系统的组成和油路对故障可能原因进行分析。

通常先抽出机油尺检查机油量。如果机油量充足，可拆下机油压力传感器，短时间起动发动机观察喷油情况，若机油压力传感器安装座孔喷油无力，应依次拆检机油滤清器、旁通阀、限压阀、集滤器、油管路和机油泵；若喷油有力，则应检查机油压力表和机油压力传感器是否正常。

2）刚起动时压力正常，而运转一段时间后机油压力迅速降低。诊断这类故障，可通过分析发动机润滑系统发生的变化，来确定可能的故障原因。

导致发动机刚起动时机油压力正常，而运转一段时间后机油压力又迅速下降的可能原因是：机油量不足或机油黏度过低。发生此故障时，可先抽出机油尺检查机油量，如果机油充足，则可确定是机油黏度过低，应更换机油。

3）机油压力突然降低。此故障一般是机油严重泄漏或机油泵损坏所致，应立即使发动机熄火，以免造成严重机械事故。

2. 机油压力过高

在使用中，若机油压力表指示压力长时间高于正常标准即为机油压力过高。

按机油压力始终过低故障的分析思路，如机油压力表和机油压力传感器正常，机油压力传感器前给主油道供油过多（如限压阀故障）或传感器后油路不畅（如油路堵塞），均会导致机油压力过高。可能的原因有：限压阀故障、传感器之后的油道堵塞、轴承间隙过小、机油黏度过大、机油压力表或机油压力传感器损坏等。

对于新装配的发动机，若出现机油压力过高，应重点检查曲轴主轴承、连杆轴承、凸轮轴轴承的配合间隙。如果起动开关打开但不起动发动机时，机油压力表指针不回位，应重点检查机油压力表和机油压力传感器。

3. 机油消耗异常

发动机使用中，如果机油平均消耗量超过 0.3L/1000km，即为机油消耗异常。

机油消耗异常的原因一般是外部泄漏或机油进入燃烧室被燃烧所致。若机油消耗异常，应首先检查有无漏油部位；如果无漏油部位，可对发动机进行急加速试验，急加速时排大量蓝烟，说明烧机油严重。机油进入燃烧室通常有两个渠道：一是因活塞与气缸间密封不良导致机油进入燃烧室；二是由于气门油封损坏导致机油由气门进入燃烧室。

活塞与气缸间的密封情况可通过测量气缸压力或观察曲轴箱窜气情况等方法检查，以此可区别机油进入燃烧室的渠道，以便有针对性地查明故障原因。

4. 机油变质

由于高温和氧化作用，即使正常情况下，机油也会变质，这种现象称为机油老化。老化的机油含有酸性化合物，不但使机油变黑、黏度下降，而且腐蚀机件。

在使用中，若不到换油周期，机油就出现老化（即变质），应查明原因予以排除。机油变质的原因一般是机油被污染、机油质量差、滤清器失效以及机油温度过高等。

机油被污染通常是油底壳中有水或汽油进入，可通过沉淀和气味判断机油中是否有水或汽油。此外，曲轴箱通风不良，窜入曲轴箱的废气、可燃混合气也会污染机油。

8.3.2 机油泵的维修

1. 齿轮式机油泵的修理

齿轮式机油泵在使用中，主动齿轮与从动齿轮、轴与轴孔、齿轮顶与泵壳、齿轮端面与泵盖之间会产生磨损，间隙增大，并造成机油泵供油量减少和供油压力降低。此外，各处的密封性和限压阀的调整是否适当也将会影响泵油量和供油压力。由于机油泵工作时的润滑条件好，使用寿命相对比较长，所以在修理时，应根据它的工作性能确定修理部位。

（1）齿轮与泵壳径向间隙的检查　如图 8-10 所示，用塞尺测量齿顶与泵壳间的间隙。然后转动齿轮，用相同的方法测量其他轮齿与泵壳间的间隙，若径向间隙超过允许极限值，应更换机油泵总成。

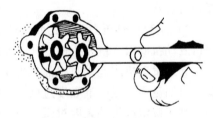

图 8-10　检查齿轮与泵壳径向间隙

（2）齿轮啮合间隙的检查　如图 8-11 所示，拆下泵盖，用塞尺测量主动齿轮与从动齿轮啮合一侧的齿侧间隙，若超过允许极限值（见表 8-1），应更换机油泵总成。

（3）齿轮端面与泵盖间隙的检查　如图 8-12 所示，泵体上沿两齿轮中心连线方向上放一直尺，然后用塞尺测量齿轮端面与直尺之间的间隙，若间隙超过允许极限值（见表 8-1），应更换机油泵总成。

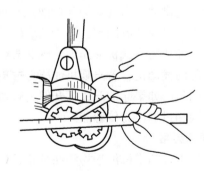

图 8-11　检查齿轮啮合间隙　　　　图 8-12　检查齿轮端面与泵盖间隙

表8-1 机油泵各部间隙的使用限度 （单位：mm）

结构类型	使用极限			
	泵体间隙	转子或齿轮啮合间隙	端面间隙	泵轴间隙
外齿轮式	0.20	0.25	0.15	0.15
内齿轮式	0.20	0.20	0.20	0.15

（4）检查主动轴与轴孔配合间隙 分别测量机油泵主动轴直径、泵体上主动轴孔径，并计算其配合间隙。若配合间隙超过允许极限值（见表8-1），应进行修复或更换新件。

（5）检查从动轴与衬套孔配合间隙 分别测量机油泵从动轴直径、衬套孔径及泵体上主动轴孔径，并计算其配合间隙，若配合间隙超过允许极限值（见表8-1），应更换衬套。

（6）机油泵限压阀的检查 往阀上涂一层机油，检查阀在自重的作用下能否顺利落进阀孔内，如图8-13所示。如果不符合要求，应更换限压阀。

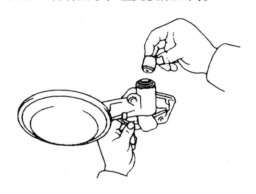

图8-13 检查机油泵限压阀

2. 转子式机油泵的检修

1）检查泵体、泵盖有无裂纹，螺纹孔是否损坏，轴孔是否磨损等。

2）用塞尺检查转子各部分的间隙，如图8-14所示。若间隙超过极限，应更换机油泵。

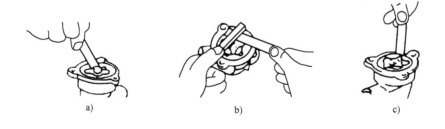

a)　　　　　　　　　b)　　　　　　　　　c)

图8-14 转子式机油泵各部位间隙的检查
a）检查内转子与外转子啮合间隙 b）检查转子端面与泵盖轴向间隙
c）检查外转子与泵壳配合间隙

3）检查限压阀是否平滑，弹簧是否变形。不符合要求应更换新件。在维修时，衬垫、O形密封圈、开口销不允许重复使用。

3. 机油泵的装配

装配机油泵时，应边安装边复查各部位配合间隙，尤其是要复查机油泵齿轮或转子端面与泵盖的轴向间隙，此间隙过大，机油泵工作时，润滑油会从此间隙漏出，使供油压力降低。

4. 机油泵装复后的试验

机油泵装复后应进行试验，确认性能良好后再装车。

1）简易试验法。将机油泵和集滤器安装在一起，放入干净的机油盆中，用手沿顺时针方向转动机油泵轴，出油孔应有机油排出。如用拇指堵住出油孔，继续转动机油泵轴，拇指有压力，说明机油泵工作正常。

2）油压检查。将机油泵装在试验台上检测，在规定转速时测定泵油量和供油压力。机油泵压力的调整，可以通过增减限压阀螺塞下面的调整垫片或增减限压阀弹簧座处的垫片来调整。

复习思考题

8-1　润滑系统的功用是什么？画出常见润滑系统的组成框图并说明油路。

8-2　简述齿轮式机油泵的工作原理。

8-3　机油滤清器有哪几种类型？各类型的滤清器是如何工作的？

8-4　润滑系统维护包括哪些内容？

8-5　润滑系统有哪些常见故障？如何诊断？

第9章 发动机特性

本章重点介绍了发动机的速度特性和负荷特性的基本概念，分析了特性曲线的特点。

9.1 速度特性

发动机性能指标随着调整情况和使用工况的变化而变化的关系，称为发动机特性，通常用曲线表示，称为特性曲线。发动机特性可以分为调整特性和使用特性。发动机性能指标随调整状况变化而变化的关系，称为调整特性，如汽油机的点火提前角调整特性、柴油机喷油提前角调整特性及柴油机调速特性等；发动机性能指标随使用工况的变化而变化的特性，称为使用特性，如速度特性、负荷特性等。

通过分析特性曲线，可以评价发动机在不同工况下的动力性、经济性及其他运转性能，为合理选用发动机并有效利用提供依据。同时还可根据特性曲线分析影响发动机性能的因素，寻求改进发动机性能的途径，使发动机的性能进一步提高。

发动机负荷不变时，其性能指标随转速的变化而变化的关系，称为发动机的速度特性。速度特性包括全负荷速度特性（即外特性）和部分负荷速度特性。为便于分析发动机的速度特性，通常由发动机台架试验测取一系列数据，并以发动机转速 n 作为横坐标，发动机的有效功率 P_e、有效转矩 M_e、有效燃油消耗率 g_e 或单位时间耗油量 G 等作为纵坐标，绘制成速度特性曲线。通过分析发动机的速度特性，可找出发动机在不同的转速情况下工作时，其动力性和经济性的变化规律，确定对应于最大有效功率（P_{emax}）、最大有效转矩（M_{emax}）和最小有效燃油消耗率（g_{emin}）时的转速，从而确定发动机工作时最有利的转速范围。

当柴油机油量调节机构位置一定时，柴油机的性能指标 P_e、M_e、g_e、G_T 随转速 n 变化的关系，称为柴油机的速度特性。当油量调节机构限定在标定功率的特殊供油量位置时测得的速度特性，称为柴油机的外特性（或全负荷速度特性），它表明柴油机可能达到的最高性能。当油量调节机构限定在小于标定功率循环供油量的各个位置时，所测得的速度特性称为部分负荷速度特性。

9.1.1 外特性曲线分析

柴油机的外特性曲线如图 9-1 所示。

1. M_e 曲线

柴油机的有效转矩 M_e 主要取决于 Δg、指示热效率 η_i 和机械效率 η_m，而且与三者的乘积成正比。

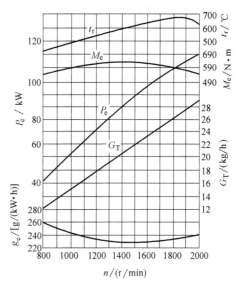

图 9-1　柴油机的外特性曲线

Δg 随柴油机转速变化的情况由高压油泵的速度特性决定，在没有油量校正装置时，Δg 随 n 的增大而逐渐增大。

η_i 在某一中间转速时最大，低于或高于此转速，η_i 均会减小，但变化较平坦，对有效转矩的影响不大。原因是：转速过低时，燃烧速度缓慢，燃烧过程所用时间较长，而且漏气也多，所以循环平均压力减小，指示功减少，导致 η_i 较小；转速过高时，燃烧过程所占曲轴转角大，也会使循环平均压力减小，指示功减少，η_i 也较小。

η_m 随转速的提高而明显下降，这是因为随转速提高，机械损失功率不断增加。

2. P_e 曲线

由于不同转速时，有效转矩 M_e 变化不大，在一定转速范围内，P_e 几乎随 n 的增大成正比增大。

柴油机的最高转速由调速器限制。如果调速器失灵，功率随转速增大仍然会继续增大。但当转速增大到某一数值时，由于循环供油量过多，会使燃烧严重恶化，η_i 迅速减小，同时 η_m 随 n 增大而减小，导致有效功率减小，并出现排气严重冒黑烟现象。因此，车用柴油机的标定功率受冒烟界限的限制。

3. g_e 曲线

柴油机外特性的有效燃油消耗率 g_e 变化趋势是一凹形曲线，由于随 n_i 的变化比较平坦，使 g_e 曲线凹度较小。柴油机的压缩比高，其最低油耗率比汽油机低约 20% ~ 30%。

9.1.2 部分负荷速度特性

图 9-2 所示为车用柴油机部分负荷速度特性，其中 t_r 为排气温度。当高压油泵油量调节机构固定在油量较小位置时，循环供油量减少，Δg 随 n 变化的趋势由油泵速度特性决定，柴油机部分负荷速度特性曲线与外特性相似，但比外特性曲线低。

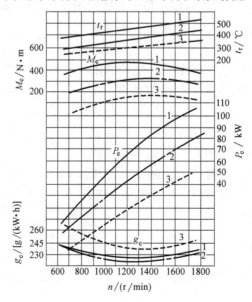

图 9-2 车用柴油机部分负荷速度特性曲线
1—90% 负荷 2—75% 负荷 3—55% 负荷

9.1.3 高压油泵的速度特性及校正

高压油泵每个工作循环的供油量主要取决于油量控制机构的位置和发动机转速。当油量控制机构位置不变时，循环供油量随转速变化的特性称为高压油泵的速度特性。

柱塞式高压油泵的速度特性决定了高压油泵的循环油量，而且高压油泵的循环油量随发动机转速的增大而增加。这是由于随着发动机转速增大，高压油泵柱塞移动速度加快，柱塞套上进油孔、回油孔的节流作用随之增大，导致供油开始时刻提前，而供油停止时刻延迟，所以供油持续时间延长，供油量增加；反之，随发动机转速减小，高压油泵的循环供油量减少。

由于发动机转速下降，高压油泵的循环供油量减少，使发动机输出转矩减小，这会降低发动机的转矩储备系数和适应系数，所以高压油泵上述速度特性不能满足工程机械对柴油机转矩特性的要求。此外，发动机的充气效率随转速的减小而提高，而供油量却随转速的减小而减少，这必然造成低速时进入气缸的空气不能充分利用，发动机不能发出较大转矩，其潜力也就得不到充分发挥。因此，必须改变高压油泵的速度特性。要求在一定转速范围（一般由标定功率时的转速起）内，高压油泵的供油量随转速的减小而较快地增加，以提高柴油机适应外界阻力变化的能力，按这种要求确定的高压油泵的速度特性为理想特性。为使高压油泵的速度特性符合理想特性，一般均加装调速器。

9.2 负荷特性

发动机的负荷特性是指当发动机转速不变时，其经济性指标随负荷的变化而变化的关系。发动机按负荷特性工作时，相当于工程机械以等速在不同阻力的道路上行驶状况。用图形来表示负荷特性（见图9-3）时，一般以横坐标（负荷）表示发动机的有效功率 P_e、有效转矩 M_e；纵坐标（性能参数）主要是经济性指标，如每小时燃油消耗量 G_T、有效燃料消耗率 g_e，根据需要还可表示出排气温度 T、机械效率 η_m 等。通过发动机台架试验测取各种数据，绘制出负荷特性曲线。分析发动机的负荷特性，可了解发动机在各种负荷情况下工作时的经济性以及最低燃油消耗率的负荷状态。分析发动机的负荷特性，可以了解发动机在各种负荷情况下工作时的经济性。

柴油机保持某一转速不变，喷油提前角、冷却液温度等保持最佳值，改变高压油泵油量调节机构的位置，相应改变每循环供油量时，每小时耗油量 G_T、有效燃油消耗率 g_e 随 P_e（或 M_e）的变化而变化的关系，称为柴油机的负荷特性，如图9-3所示（车用

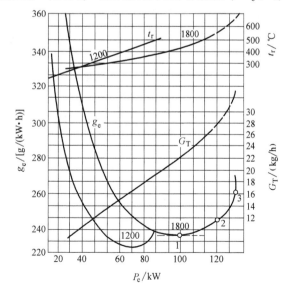

图9-3 柴油机负荷特性曲线

柴油机的特性曲线)。

当柴油机转速一定时,充入气缸的空气量基本不变,调节负荷时只是改变每循环的供油量,也就改变了混合气浓度,此种负荷调节方式称为质调节。

1. G_T 曲线

转速一定时,柴油机每小时燃料消耗量 G_T 主要取决于每循环供油量 Δg_e。当负荷小于85%时,随着负荷增加,Δg 增大,G_T 随之近似成正比增大;当负荷继续增大超过85%后,随着负荷增加,由于 Δg 过大,即混合气过浓,燃烧条件恶化,G_T 迅速增大,但有效功率增大缓慢,甚至减小。

2. g_e 曲线

柴油机负荷为零时,$\eta_m = 0$;随着负荷增加,η_m 增大,但增速逐渐减慢。随柴油机负荷的增加,由于 Δg 增大,混合气变浓,燃烧不完全成分增加,所以 η_i 逐渐减小,且负荷越大,η_i 减小的速度越快。

根据 g_e 与 η_i、η_m 的关系,综合 η_i 和 η_m 两方面的影响,g_e 曲线的变化规律是:怠速时,由于 $\eta_m = 0$,g_e 趋于无穷大;在较小负荷范围内,随负荷增加,η_m 的增大速度比 η_i 的减小速度快,故 g_e 减小,直到某一中等负荷(见图9-3中的点1)时,η_i 和 η_m 的乘积最大,g_e 最小;在大负荷范围内,随负荷增加,η_m 的增大速度比 η_i 的减小速度慢,使 g_e 增大;负荷增加到如图9-3所示的点2时,由于混合气过浓,不完全燃烧显著增加,柴油机排气开始冒烟,随负荷增加,g_e 增速将越来越快;负荷增加到如图9-3所示的点3以后,负荷再继续增加,由于燃烧条件将极度恶化,g_e 仍继续增大,P_e 反而下降。

对应于图9-3所示2点的循环供油量称为冒烟界限,循环供油量超过该界限,柴油机将大量冒黑烟,污染环境,所以柴油机标定的循环供油量都在冒烟界限以内,使用中的最大功率也受到相关排放法规所规定的烟度值限制。

在负荷特性曲线上,最低燃油消耗率 g_{emin} 越小,g_e 曲线变化越平坦,经济性越好。柴油机的经济性比汽油机的好。

复习思考题

9-1 什么是速度特性?柴油机速度特性曲线有何变化规律?

9-2 什么是负荷特性?柴油机负荷特性曲线有何变化规律?

9-3 简述传统柴油机燃料供给系统安装调速器的原因。

9-4 负荷特性和速度特性有何实用意义?

参 考 文 献

[1] 王凤军，吴东平. 汽车发动机构造与维修 [M]. 北京：科学出版社，2007.

[2] 陈家瑞. 汽车构造：上册 [M]. 3 版. 北京：机械工业出版社，2009.

[3] 王增林. 工程机械发动机构造与维修 [M]. 北京：电子工业出版社，2008.

[4] 欧阳爱国. 汽车技术实训 [M]. 北京：北京理工大学出版社，2007.

[5] 邹小明. 发动机构造与维修 [M]. 北京：人民交通出版社，2002.

[6] 王定祥. 现代工程机械柴油机 [M]. 北京：机械工业出版社，2004.

[7] 汤定国. 汽车发动机构造与维修 [M]. 北京：人民交通出版社，2006.

[8] 张西振，韩梅. 汽车发动机构造与维修 [M]. 北京：机械工业出版社，2005.